U0317861

高职高专"十三五"规划教材

计算机应用项目化教程

（Windows 7＋Office 2010）

主　编　雷超阳

副主编　张耀辉　张治元　刘　涛

西安电子科技大学出版社

内 容 简 介

全书是针对教育部提出的"计算机教学基本要求"和"办公软件应用国家职业标准"，结合湖南省"高等职业学校计算机应用能力考试标准"、"信息化办公考试标准"和"Office 办公软件考试标准"实际执行情况编写的。

全书共分为 8 个项目，即个人计算机组装、Windows 7 系统应用、Word 文字处理软件应用、Excel 电子表格处理软件应用、PowerPoint 演示文稿软件应用、Internet 应用、多媒体与常用工具软件应用、世界大学城空间建设。

本书在选材上力求精练、重点突出，对于计算机应用知识部分的讲解内容丰富、通俗易懂，对于计算机应用操作部分的讲解图文并茂、易学易用，内容涵盖了全国计算机等级考试新大纲、湖南省"高等职业学校计算机应用能力考试标准"以及世界大学城空间所要求的知识点。

本书适用于高职高专各专业计算机应用基础课程的教学，也适用于企事业单位的计算机应用能力培训。

图书在版编目(CIP)数据

计算机应用项目化教程：Windows 7＋Office 2010/
雷超阳主编. －－西安：西安电子科技大学出版社，2016.9
高职高专"十三五"规划教材
ISBN 978－7－5606－4270－3

Ⅰ. ① 计… Ⅱ. ① 雷… Ⅲ. ① Windows 操作系统－高等职业教育－教材 ② 办公自动化－应用软件－高等职业教育－教材 Ⅳ. ① TP316.7 ② TP317.1

中国版本图书馆 CIP 数据核字(2016)第 205992 号

策　　划　杨丕勇
责任编辑　杨丕勇　秦媛媛
出版发行　西安电子科技大学出版社(西安市太白南路 2 号)
电　　话　(029)88242885　88201467　　邮　　编　710071
网　　址　www.xduph.com　　　　电子邮箱　xdupfxb001@163.com
经　　销　新华书店
印刷单位　陕西天意印务有限责任公司
版　　次　2016 年 9 月第 1 版　2016 年 9 月第 1 次印刷
开　　本　787 毫米×1092 毫米　1/16　印张　17.5
字　　数　414 千字
印　　数　1～3000 册
定　　价　36.00 元

ISBN 978－7－5606－4270－3/TP

XDUP　4562001－1

＊＊＊如有印装问题可调换＊＊＊

前　言

　　信息时代背景下的高职教育蓬勃发展，高职院校的课程改革工作也日新月异。为寻求突破，湖南邮电职业技术学院互联网工程系组建了高职"计算机应用基础"课程课改团队，旨在针对传统教学重知识点讲授、轻实践性教学的特点，紧紧抓住学生的知识结构、认知特征和兴趣导向，将知识点项目化，将枯燥的讲授变为生动的体验，对高职"计算机应用基础"课程实施情景式项目教学改革。本教材是本次课程改革的主要成果之一。

　　基于上述背景，编者广泛查阅计算机应用及信息处理的相关资料，总结近几年的实践经验，确定了教材编写的总体思路，即参照教育部提出的"计算机教学基本要求"和"办公软件应用国家职业标准"，围绕湖南省"高等职业学校计算机应用能力考试标准"、"信息化办公考试标准"和"Office 办公软件考试标准"的实际执行情况，结合企事业单位员工培训的特点，立足"必需、够用、实用"，基于"优化、整合"的思路构建内容体系和结构体系，力求编写一本符合高等职业院校计算机应用能力考试标准、实用性强、使用价值高的教材，为职业院校和企事业单位教学与培训提供帮助。

　　本教材共分为 8 个项目，具体内容安排如下：

　　项目一　个人计算机组装，包括计算机的发展与应用、计算机组成和工作原理、数制与编码，以及计算机系统与组装。

　　项目二　Windows 7 系统应用，包括 Windows 7 基本操作、文件管理与磁盘维护、Windows 7 工作环境的设置等内容。

　　项目三　Word 文字处理软件应用，包括初识 Office 2010、文档的录入与编辑、规范与美化文档、在文档中使用表格、创建图文并茂的办公文档、文档的高级设置与应用。

　　项目四　Excel 电子表格处理软件应用，包括 Excel 的基本操作、管理数据、图表的应用、公式的应用。

　　项目五　PowerPoint 演示文稿软件应用，包括 PowerPoint 2010 的基本操作、编辑演示文稿、主题与母版的应用、演示文稿的应用。

　　项目六　Internet 应用，包括初识 Internet、浏览器的使用、搜索引擎、电子邮件的使用。

项目七　多媒体与常用工具软件应用，包括初识多媒体创作工具、多媒体基础知识、常用工具软件。

项目八　世界大学城空间建设，包括世界大学城个人空间基本信息设置及框架搭建、世界大学城个人空间信息发布、世界大学城个人空间交流互动。

本教材项目一至项目三由雷超阳老师编写，项目四至项目六由张耀辉老师编写，项目七由刘涛老师编写，项目八由张治元老师编写。同时，湖南邮电职业技术学院互联网工程系部分老师为本教材搜集了宝贵的第一手资料，在此对他们所做的工作深表谢意。

由于编者水平有限，书中的不足之处在所难免，恳请广大读者和专家们批评指正。

编者

2016.3

目 录

项目一 个人计算机组装 ………… 1

1.1 初识计算机 ………………… 1

1.1.1 计算机发展简史 ……… 1

1.1.2 计算机的分类 ………… 5

1.1.3 计算机的应用 ………… 7

1.2 数制与编码 ………………… 8

1.2.1 了解数制 ……………… 8

1.2.2 各进制数之间的转换 … 9

1.2.3 数据与编码 …………… 11

1.3 计算机系统 ………………… 14

1.3.1 计算机系统组成 ……… 14

1.3.2 计算机硬件系统结构 … 15

1.3.3 计算机的主要性能指标 … 16

1.4 计算机组装 ………………… 17

1.4.1 认识 PC 整机 ………… 17

1.4.2 主要部件的选购 ……… 18

1.4.3 个人电脑硬件的组装 … 26

习题 ……………………………… 30

项目二 Windows 7 系统应用 …… 31

2.1 初识 Windows 7 …………… 31

2.1.1 正确开机和关机 ……… 31

2.1.2 安装 Windows 7 操作系统 … 33

2.1.3 熟悉 Windows 7 窗口操作 … 37

2.2 Windows 7 基本操作 ……… 40

2.2.1 认识桌面图标 ………… 40

2.2.2 "开始"菜单与任务栏 … 41

2.2.3 桌面图标的管理 ……… 43

2.2.4 窗口的操作 …………… 44

2.2.5 认识对话框 …………… 46

2.2.6 关于菜单 ……………… 49

2.3 文件管理与磁盘维护 ……… 50

2.3.1 认识文件与文件夹 …… 50

2.3.2 文件与文件夹的管理 … 51

2.3.3 使用回收站 …………… 56

2.3.4 磁盘维护 ……………… 58

习题 ……………………………… 62

项目三 Word 文字处理软件应用 … 64

3.1 初识 Office 2010 …………… 65

3.1.1 Office 2010 介绍 ……… 65

3.1.2 Office 2010 的新增功能 … 65

3.1.3 Office 2010 组件的共性操作

…………………………………… 67

3.2 Word 文档的录入与编辑 … 69

3.2.1 在 Word 2010 中录入文档内容

…………………………………… 69

3.2.2 编辑文档内容 ………… 72

3.3 规范与美化文档 …………… 76

3.3.1 设置文档的字符格式 … 76

3.3.2 设置文档的段落格式 … 79

3.3.3 设置文档的页面格式 … 82

3.4 在文档中使用表格 ………… 87

3.4.1 在文档中创建表格 …… 88

3.4.2 编辑表格 ……………… 90

3.4.3 设置表格格式 ………… 93

3.5 图文混排 …………………… 97

3.5.1 图片的插入 …………… 97

3.5.2 编辑图片对象 ………… 98

3.5.3 在文档中插入形状 …… 106

3.5.4 插入艺术字 …………… 109

3.5.5 使用文本框 …………… 110

3.6 文档的高级应用 ·············· 112
  3.6.1 使用样式与模板 ·········· 112
  3.6.2 使用脚注与尾注 ·········· 116
  3.6.3 插入目录 ················ 116
  3.6.4 邮件合并 ················ 117
  3.6.5 超级链接 ················ 121
习题 ··························· 123

项目四 Excel 电子表格处理软件应用 ····· 125
4.1 初识 Excel 2010 ··············· 126
  4.1.1 Excel 主要功能介绍 ······· 126
  4.1.2 Excel 2010 启动与退出 ····· 127
  4.1.3 Excel 2010 界面组成 ······· 128
  4.1.4 Excel 的基本要素 ········· 129
4.2 Excel 的基本操作 ············· 131
  4.2.1 在单元格中输入数据 ······ 131
  4.2.2 对表格进行格式化 ········ 136
4.3 数据统计与分析 ·············· 141
  4.3.1 数据的排序 ············· 141
  4.3.2 数据的筛选 ············· 142
  4.3.3 数据的分类汇总 ·········· 145
  4.3.4 数据透视表 ············· 147
4.4 公式与函数 ················· 151
  4.4.1 公式及其应用 ··········· 151
  4.4.2 函数及其应用 ··········· 154
4.5 统计图表的应用 ·············· 158
  4.5.1 创建统计图表 ··········· 159
  4.5.2 美化图表 ··············· 160
  4.5.3 使用迷你图 ············· 161
习题 ··························· 162

项目五 PowerPoint 演示文稿软件应用 ···· 164
5.1 初识 PowerPoint 2010 ·········· 164
  5.1.1 PowerPoint 2010 的新增功能 ·· 165
  5.1.2 PowerPoint 2010 界面简介 ···· 165
  5.1.3 PowerPoint 2010 视图模式 ···· 167
5.2 PowerPoint 2010 的基本操作 ····· 169
  5.2.1 新建、保存演示文稿 ······ 169
  5.2.2 图片与动画 ············· 171

5.3 主题与母版的应用 ············· 177
  5.3.1 设置幻灯片主题 ·········· 177
  5.3.2 设计幻灯片母版 ·········· 178
5.4 演示文稿的应用 ·············· 179
  5.4.1 放映演示文稿 ··········· 179
  5.4.2 打包演示文稿 ··········· 182
习题 ··························· 183

项目六 Internet 应用 ············· 185
6.1 初识 Internet ················ 185
  6.1.1 Internet 的发展历程 ······· 185
  6.1.2 中国的 Internet ·········· 186
  6.1.3 Internet 的特点 ·········· 187
  6.1.4 TCP/IP 协议 ············ 188
  6.1.5 IP 地址和域名 ··········· 189
  6.1.6 Internet 的应用 ·········· 191
6.2 浏览器的使用 ··············· 192
  6.2.1 常见的浏览器 ··········· 192
  6.2.2 认识 IE 的界面构成 ······· 193
  6.2.3 轻松浏览 Web 页 ········· 194
  6.2.4 设置 IE 默认主页 ········· 196
  6.2.5 清除 IE 的使用痕迹 ······· 197
  6.2.6 保存网页信息 ··········· 198
6.3 搜索引擎 ··················· 199
  6.3.1 什么是搜索引擎 ·········· 199
  6.3.2 搜索引擎的基本类型 ······ 200
  6.3.3 搜索引擎的基本法则 ······ 200
  6.3.4 确定关键字的原则 ········ 201
6.4 电子邮件的使用 ·············· 201
  6.4.1 认识电子邮件 ··········· 201
  6.4.2 电子邮件地址格式 ········ 201
  6.4.3 申请免费电子邮箱 ········ 202
  6.4.4 Web 格式邮件的使用 ······ 203
  6.4.5 删除邮件 ··············· 205
习题 ··························· 205

项目七 多媒体与常用工具软件应用 ····· 207
7.1 多媒体基础知识 ·············· 207
  7.1.1 图像的基础知识 ·········· 207

    7.1.2　声音的基础知识 ················· 213

    7.1.3　视频的基础知识 ················· 216

  7.2　初识多媒体创作工具 ················· 219

    7.2.1　素材处理软件 ··················· 219

    7.2.2　多媒体开发软件 ················· 220

  7.3　常用工具软件介绍 ··················· 222

    7.3.1　文件压缩软件——WinRAR ····· 222

    7.3.2　视频播放软件——暴风影音 ····· 227

    7.3.3　图片浏览工具——ACDSee ····· 232

    7.3.4　网络下载工具——迅雷 ········· 239

  习题 ································· 241

项目八　世界大学城空间建设 ············· 243

  8.1　世界大学城个人空间基本信息设置 ··· 243

    8.1.1　登录世界大学城的个人空间 ······ 243

    8.1.2　首次登录空间版本设置及账号密码修

       改 ···························· 245

    8.1.3　空间主页布局的设置 ············· 247

    8.1.4　空间主页模块的设置 ············· 248

    8.1.5　个人资料的设置 ················· 249

    8.1.6　栏目管理设置 ··················· 250

  8.2　世界大学城个人空间信息发布 ······· 253

    8.2.1　文章的发表 ····················· 253

    8.2.2　视频的发表 ····················· 256

    8.2.3　微博的发表 ····················· 257

  8.3　世界大学城个人空间交流互动 ······· 259

    8.3.1　添加好友 ······················· 259

    8.3.2　留言板和评论 ··················· 260

    8.3.3　群组讨论 ······················· 264

  习题 ································· 266

附录　湖南省高等职业学校计算机应用

    能力考试标准 ····················· 267

个人计算机组装

学习目标

1. 了解计算机的基础知识
2. 掌握数值编码及数制的转换
3. 掌握计算机的组成原理与结构
4. 掌握个人计算机的组装流程

应用情景

王浩是一家培训公司新聘的计算机系统维护工程师，岗位职责为：负责计算机的组装与维护；负责计算机网络设备和办公系统的技术支持与维护；提供各类办公软件的技术支持。为了更好地完成工作，王浩决定加强对计算机系统知识的学习，尽快熟悉计算机的硬件和组装流程。

1.1　初识计算机

如果说 19 世纪蒸汽机的出现把人们从笨重的体力劳动中解放出来，那么 20 世纪的计算机就让人们从浩瀚的信息海洋中获得了自由。计算机是 20 世纪人类最伟大的发明之一，目前，它已被广泛地应用于社会的各个领域，成为人类的得力助手。

1.1.1　计算机发展简史

计算机的发明，开创了解放人类脑力劳动的新时代。世界上第一台计算机是 1946 年 2 月在美国宾夕法尼亚大学诞生的，全称为电子数字积分机与计算机（Electronic Numerical Integrator And Calculator），简写为 ENIAC（埃尼阿克），如图 1-1 所示。这台计算机共用了 18 000 多个电子管，占地 170 平方米，重 30 吨，耗电 140 kW，内存 17 KB。ENIAC 的功能远不如今天的计算机，但是却有着划时代的意义，它标志着信息处理技术进入了一个崭新的时代。

图 1-1　世界上第一台计算机 ENIAC

从计算机的发展趋势看，计算机经过了电子管、晶体管、集成电路（IC）和超大规模集成电路（VLSI）四个阶段的发展，其体积越来越小，功能越来越强，价格越来越低，应用越来越广泛，目前计算机正朝智能化（第五代）方向发展。

1. 第一代计算机（1946—1958）

第一代计算机采用的主要元件是电子管，所以也称为电子管计算机。这一代计算机运算速度很慢，一般为几千次每秒到几万次每秒，体积庞大，主要用于科学计算。其主要特点是：

（1）采用电子管作为基本逻辑部件，耗电量大，寿命短，可靠性差。

（2）采用电子射线管作为存储部件，容量很小，后来使用磁鼓存储信息，在一定程度上扩充了存储容量。

（3）输入输出装置简单，主要使用穿孔卡片，速度慢，使用起来十分不便。

（4）没有系统软件，只能用机器语言和汇编语言编程。

2. 第二代计算机（1959—1965）

第二代计算机采用的是晶体管技术，所以也称为晶体管计算机。这一代计算机的运算速度提高了几百倍，其应用范围扩展到了数据处理、自动控制和企业管理等方面。第一台晶体管计算机是 1959 年 12 月由美国 IBM 制造的 IBM7090，该机只有 32 KB 内存，系统占 5 KB，用户占 27 KB，用户数据在内存和一台磁鼓之间切换，如图 1-2 所示。第二代计算机的主要特点是：

（1）体积小，可靠性强，寿命延长。

（2）计算速度从每秒几万次到十几万次。

（3）可以使用汇编语言、高级程序设计语言，如 FORTRAN。

（4）普遍采用磁芯作为内存储器，磁盘的容量大大提高。

图 1-2　第一台晶体管计算机 IBM7090

3. 第三代计算机（1966—1970）

第三代计算机主要采用中小规模集成电路作为元器件，这是一次重大的飞跃。第三代计算机的代表是 IBM 公司花了 50 亿美元开发的 IBM 360 系列，如图 1-3 所示。应该说集成电路的出现与使用，推动了计算机的快速发展与普及，也为计算机走入寻常百姓家奠定了基础。第三代计算机的主要特点是：

（1）体积更小，寿命更长。

（2）计算速度可达到几百万次每秒。

（3）操作系统出现，且其功能越来越强，计算机的应用范围进一步扩大。

（4）普遍采用半导体存储器，存储容量进一步提高。

图 1-3　第三代计算机 IBM 360 系列

4. 第四代计算机（1971 年至今）

第四代计算机也称为超大规模集成电路计算机。这一代计算机的基本组成元器件是超大规模的集成电路，例如 80386 微处理器芯片，面积约为 10 mm×10 mm，却集成了约 32 万个晶体管，目前最新的"酷睿 i7"CPU 集成的晶体管数目达到 14 亿个以上。另外，内存储器采用半导体技术制造，外存储器主要有磁盘、磁带和光盘，运算速度大大提高，应用范围涉及社会生活的各个领域。其主要特点是：

（1）采用大规模和超大规模集成电路元件，体积越来越小，可靠性更好，寿命更长，技术更新越来越快。

（2）计算速度加快，可达几千万次每秒到几十亿次每秒。

（3）发展了并行处理技术和多机系统。

（4）应用领域与应用技术得到了前所未有的发展，进入寻常百姓家庭。

（5）计算机网络技术得到空前发展。

随着科学技术的不断进步，第四代计算机的典型代表——微型计算机应运而生。微型计算机的发展大致经历了五个阶段。

第一阶段是 1971—1973 年，这是 4 位和 8 位低档微处理器时代。典型产品是 1971 年 Intel 公司研制的 MCS4 微型计算机，其中采用 4 位的 Intel 4004 微处理器，后来又推出了以 8 位的 Intel 8008 为核心的 MCS-8 微型计算机。这个阶段计算机的基本特点是采用 PMOS 工艺，集成度低，系统结构和指令系统比较简单，主要采用机器语言或简单的汇编语言，指令数目较少，用于家电和简单的控制场合。

第二阶段是 1974—1977 年，这是 8 位中高档微处理器时代，属于微型计算机的发展和改进阶段。典型产品是 Intel 8080/8085、Motorola 公司的 M6800、Zilog 公司的 Z80 等微处理器以及 MCS-80、TRS-80 和 APPLE-Ⅱ 等微型计算机。这个阶段计算机的基本特点是采用 NMOS 工艺，集成度相对第一阶段提高约 4 倍，运算速度提高约 10～15 倍，指令系统比较完善，具有典型的计算机体系结构和中断、DMA 等控制功能。软件方面除了汇编语言外，还有 BASIC、FORTRAN 等高级语言和相应的解释与编译程序，后期还出现了操作系统，如 CM/P 操作系统。

第三阶段是 1978—1984 年，这是 16 位微处理器时代。典型产品是 Intel 公司的 8086/8088、80286，Motorola 公司的 M68000，Zilog 公司的 Z8000 等微处理器。这一时期著名的微型计算机产品是 1981 年 IBM 公司推出的基于 Intel 8086 微处理器的个人计算机（Personal Computer，PC）以及 1982 年推出的扩展型的个人计算机 IBM PC/XT（对内存进行了扩充，并增加了一个硬磁盘驱动器）。1984 年 IBM 推出了以 Intel 80286 微处理器为核心的 16 位增强型个人计算机 IBM PC/AT，如图 1-4 所示。从此，人们对

图 1-4　1984 年的 IBM PC/AT

计算机不再陌生，计算机开始深入到人类生活的各个方面。这个阶段计算机的基本特点是采用 HMOS 工艺，集成度和运算速度都比第二阶段提高了一个数量级，指令系统更加丰富、完善，采用多级中断、多种寻址方式，并配置了完善的软件系统。

第四阶段是 1985—1992 年，这是 32 位微处理器时代。典型产品是 Intel 公司的 80386/80486、Motorola 公司的 M68030/68040 等。其特点是采用 HMOS 或 CMOS 工艺，集成度极高，具有 32 位地址线和 32 位数据总线，每秒钟可完成 600 万条指令。由于集成度高，系统的速度和性能大为提高，可靠性增加，成本降低，此时的微型计算机功能已经非常强大，可以胜任多任务、多用户作业。

第五阶段是 1993 年以后，这是 64 位高档微处理器时代。1993 年 3 月，Intel 公司率先推出了统领 PC（Personal Computer）达十余年的第五代微处理器——Pentium（奔腾），代号为 P5，也称为 80586，具有 64 位内部数据通道，从设计制造工艺到性能指标，都比第四代产品有了大幅度的提高。同期还有 AMD 公司的 K6 系列微处理器，内部采用了超标量指令流水线结构，具有相互独立的指令和数据高速缓存。

计算机技术的发展一日千里，目前最新的微处理器是 Intel 公司的"酷睿 i7"系列（即 Intel Core i7），该处理器采用 64 位四核心 CPU，沿用 X86-64 指令集，并以 Intel Nehalem 微架构为基础，取代上一代的 Intel Core 2 系列处理器。

总之，进入 20 世纪 90 年代以来，随着科学技术的高速发展，计算机的新工艺、新技术和新功能不断推陈出新，使计算机的应用范围更广泛，功能更神奇。我们应当看到，计算机发展到今天已经进入第五代——人工智能计算机。这类计算机可以模仿人的思维活动，具有推理、思维、学习以及声音与图像的识别能力等。第五代计算机将随着人工智能技术的发展，具备类似于人的某些智慧，其应用范围和对人类生活的影响难以想象。2016 年 3 月 Google 旗下的阿尔法围棋（AlphaGo）对战世界围棋冠军、职业九段选手李世石，并以 4∶1 的总比分获胜，让世人对计算机的人工智能惊叹不已。

1.1.2　计算机的分类

随着计算机技术的发展和应用，计算机已成为一个庞大的家族。计算机的类型从不同角度有多种分类方法。从计算机的处理方式、工作模式、使用范围以及规模等不同角度，可以进行如下分类。

1. 按计算机处理方式分类

按照计算机处理对象的方式进行分类，计算机可以分为数字计算机、模拟计算机和数字模拟混合计算机。

（1）数字计算机。数字计算机采用二进制运算，其特点是输入、处理、输出和存储的数据都是离散的数字信息，计算精度高，便于存储，通用性强，既能胜任科学计算和数字处理，又能进行过程控制和 CAD/CAM 等工作。通常所说的计算机一般是指数字计算机。

（2）模拟计算机。模拟计算机主要用于处理模拟信号，如工业控制中的温度、压力等。模拟计算机的运算部件是由运算放大器组成的各类电子电路。一般来说，模拟计算机的运算精度和通用性不如数字计算机，但其运算速度快，主要用于过程控制和模拟仿真。

（3）数字模拟混合计算机。数字模拟混合计算机将数字技术和模拟技术相结合，既能进行高速运算，又便于存储信息，兼有数字计算机和模拟计算机的功能和优点，但这类计算机造价昂贵。

2. 按计算机工作模式分类

按计算机的工作模式分类，可以分为服务器和工作站两大类。

（1）服务器。服务器是一种可供网络用户共享的、高性能的计算机。服务器一般具有大容量的存储设备和丰富的外部设备，在其上运行网络操作系统，要求具有较高的运行速度，用于管理网络、运行应用程序、处理网络工作站成员的信息请求等。服务器上的资源可供网络用户共享。

（2）工作站。工作站是为了某种特殊用途而将高性能计算机系统、输入/输出设备及专用软件结合在一起的系统。它的独到之处就是易于联网，并配有大容量主存和大屏幕显示器，特别适合于 CAD/CAM 和办公自动化。

3. 按计算机使用范围分类

按计算机的使用范围可以分为通用计算机和专用计算机。

（1）通用计算机。通用计算机是指该类计算机具有广泛的用途和使用范围，可以解决各种问题，具有较强的通用性、适应性，主要应用于科学计算、数据处理和工程设计等。目前人们所使用的大都是通用计算机。

（2）专用计算机。专用计算机是专为解决某一特定问题而设计制造的电子计算机。这类计算机一般拥有固定的存储程序，如控制轧钢过程的轧钢控制计算机、计算导弹弹道的专用计算机等，解决特定问题的速度快，可靠性高，且结构简单，价格相对比较便宜。

4. 按计算机规模分类

按照计算机的体积大小、结构复杂程度、功率消耗、性能指标、数据存储容量、指令系统和设备、软件配置等的不同，可以将计算机分为巨型机、大型机、中型机、小型机、微型机及单片机等，如图 1－5 所示。

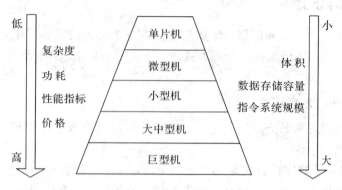

图 1－5　按规模分类

（1）巨型机。人们通常把体积最大、运行最快、价格最昂贵的计算机称为巨型机（超级计算机），其运算速度可达每秒执行几亿条指令，数据存储容量大，规模大，结构复杂。巨型机一般用在国防和尖端科学领域。目前，巨型机主要用于战略武器（如核武器和反导弹武器）的设计、空间技术、石油勘探、天气预报等领域，是国家科技发展水平和综合国力的重要标志。

我国自主研发的"天河二号"是由国防科学技术大学研制的超级计算机系统，以峰值计算速度每秒 5.49 亿亿次、持续计算速度每秒 3.39 亿亿次双精度浮点运算的优异性能位居榜首，成为全球最快的超级计算机。

（2）大中型机。大中型机也具有很高的运算速度和很大的存储容量，并且允许多用户同时使用。但是在结构上比巨型机简单，运算速度没有巨型机快，价格也比巨型机便宜，一般只有大中型企事业单位使用它处理事务、管理信息与数据通信等。20 世纪 60 年代的IBM360，70 年代和 80 年代的 IBM370、90 年代的 IBMS/390 系列都是大型机的代表作。

（3）小型机。小型机的规模和运算速度比大中型机要差，但仍能支持十几个用户同时使用。小型机具有体积小、价格低、性价比高等优点，适合中小企业、事业单位用于工业控制、数据采集、分析计算、企业管理以及科学计算等，也可做巨型机或大中型机的辅助机。

典型的小型机有美国 DEC 公司的 PDP 系列计算机、IBM 公司的 AS/400 系列计算机、我国的 DJS－130 计算机等。

（4）微型机。微型机的出现与发展掀起了计算机普及的浪潮，利用 4 位微处理器 Intel 4004 组成的 MCS－4 是世界上第一台微型机。我们现在工作学习生活中使用的 PC 就是微型机。1978 年 Intel 成功开发了 16 位微处理器 Intel8086。1981 年 32 位微处理器Intel80386问世。随着技术的不断发展，现在已经进入 64 位多核微处理器时代。

（5）单片机。单片机是一种集成电路芯片，是采用超大规模集成电路技术把具有数据处理能力的中央处理器 CPU、随机存储器 RAM、只读存储器 ROM、多种 I/O 接口和中断系统、定时器/计数器等功能集成到一块硅片上，构成的一个小巧而完善的微型计算机系统。单片机体积小、功耗低、使用方便，但存储容量较小，多用于工业控制领域、家用电器等。

随着技术的不断发展，计算机的体积越来越小，功能越来越强。目前出现了一些新型计算机，如生物计算机（Biocomputer）、光子计算机（Photon Computer）、量子计算机（Quantum Computer）等。

1.1.3 计算机的应用

计算机的应用已渗透到社会的各个领域，正在改变着人们的工作、学习和生活的方式，推动着社会的发展。归纳起来可分为以下几个方面：

（1）科学计算。科学计算也称数值计算。计算机最开始是为解决科学研究和工程设计中遇到的大量数学问题的数值计算而研制的计算工具。随着现代科学技术的进一步发展，数值计算在现代科学研究中的地位不断提高，在尖端科学领域中显得尤为重要。例如，人造卫星轨迹的计算，房屋抗震强度的计算，火箭、宇宙飞船的研究设计都离不开计算机的精确计算。

在工业、农业以及人类社会的各领域中，计算机的应用都取得了许多重大突破，就连我们每天收听收看的天气预报都离不开计算机的科学计算。

（2）数据处理。在科学研究和工程技术中，会得到大量的原始数据，其中包括大量图片、文字、声音等，信息处理就是对数据进行收集、分类、排序、存储、计算、传输、制表等操作。目前计算机的信息处理应用已非常普遍，如人事管理、库存管理、财务管理、图书资料管理、商业数据交流、情报检索、经济管理等。

信息处理已成为当代计算机的主要任务，是现代化管理的基础。据统计，全世界计算机用于数据处理的工作量占全部计算机应用的80％以上，大大提高了工作效率，提高了管理水平。

（3）自动控制。自动控制是指通过计算机对某一过程进行自动操作，它不需人工干预，能按预定的目标和预定的状态进行过程控制。所谓过程控制，是指对操作数据进行实时采集、检测、处理和判断，按最佳值进行调节的过程。目前被广泛用于操作复杂的钢铁企业、石油化工业、医药工业等生产中。使用计算机进行自动控制可大大提高控制的实时性和准确性，提高劳动效率、产品质量，降低成本，缩短生产周期。

计算机自动控制还在国防和航空航天领域中起决定性作用。例如，无人驾驶飞机、导弹、人造卫星和宇宙飞船等飞行器的控制，都是靠计算机实现的。可以说计算机是现代国防和航空航天领域的神经中枢。

（4）计算机辅助系统。计算机辅助系统包括计算机辅助设计（Computer Aided Design，CAD）、计算机辅助制造（Computer Aided Manufacturing，CAM）、计算机辅助测试（Computer Aided Test）、计算机辅助工程（Computer Aided Engineering）、计算机辅助教学（Computer Aided Instruction，CAI）。

（5）人工智能。人工智能（Artificial Intelligence，AI）是指计算机模拟人类某些智力行为的理论、技术和应用。人工智能是计算机应用的一个新的领域，这方面的研究和应用正处于发展阶段,在医疗诊断、定理证明、语言翻译、机器人等方面,已有了显著的成效。例如,用计算机模拟人脑的部分功能进行思维学习、推理、联想和决策,使计算机具有一定"思维能力"。我国已开发成功一些中医专家诊断系统,可以模拟名医给患者诊病开方。

机器人是计算机人工智能的典型例子。机器人的核心是计算机。第一代机器人是机械手;第二代机器人对外界信息能够反馈,有一定的触觉、视觉、听觉;第三代机器人是智能机器人,具有感知和理解周围环境,使用语言、推理、规划和操纵工具的技能,模仿人完成某些动作。机器人不怕疲劳,精确度高,适应力强,现已开始用于搬运、喷漆、焊接、装配等工作中。机器人还能代替人在危险工作中进行繁重的劳动,如在有放射线、污染有毒、高温、低温、高压、水下等环境中工作。

(6)多媒体应用。随着电子技术特别是通信和计算机技术的发展,人们已经有能力把文本、音频、视频、动画、图形和图像等各种媒体综合起来,构成一种全新的概念——"多媒体"(Multimedia)。在医疗、教育、商业、银行、保险、行政管理、军事、工业、广播和出版等领域中,多媒体的应用发展很快。

(7)计算机网络。计算机网络是由一些独立的和具备信息交换能力的计算机互联构成,以实现资源共享的系统。计算机在网络方面的应用使人类之间的交流跨越了时间和空间障碍。计算机网络已成为人类建立信息社会的物质基础,它给我们的工作带来了极大的方便和快捷,如在全国范围内的银行信用卡的使用,火车和飞机票系统的使用等。现在,可以在全球最大的互联网络——Internet 上进行浏览、检索信息、收发电子邮件、阅读书报、玩网络游戏、选购商品、参与众多问题的讨论、实现远程医疗服务等。

1.2　数制与编码

计算机中的数制采用二进制,这是因为只需表示 0 和 1,这在物理上很容易实现,如电路的导通或截止、磁性材料的正向磁化或反向磁化等。0 和 1 两个数,传输和处理抗干扰性强,不易出错,可靠性好;另外,0 和 1 正好与逻辑代数"假"和"真"相对应,易于进行逻辑运算。

1.2.1　了解数制

数制即表示数的方法,按进位的原则进行计数的数制称为进位数制,简称"进制"。对于任何进位数制,都有以下特点:

数码:每一进制都有固定数目的记数符号(数码)。例如,十进制有 10 个数码 0～9。

基数:在进制中允许选用基本数码的个数称为基数。例如,十进制的基数为 10。

位权表示法:一个数码在不同位置上所代表的值不同,如数码 8,在个位数上表示 8,在十位数上表示 80,这里的个(10^0)、十(10^1)…称为位权。位权的大小以基数为底,数码所在位置的序号为指数的整数次幂。一个进制数可按位权展开成一个多项式。例如:

$$123.45 = 1 \times 10^2 + 2 \times 10^1 + 3 \times 10^0 + 4 \times 10^{-1} + 5 \times 10^{-2}$$

为了区分各进制数,规定在十进制数后面加 D,二进制数后面加 B,八进制数后面加 O,十六进制数后面加 H,不过十进制数的 D 一般可以省略。

1. 二进制（Binary）

数码：只有两个数字符号，即 0 和 1。

基数：2。

位权表示法：如 $1010B = 1 \times 2^3 + 0 \times 2^2 + 1 \times 2^1 + 0 \times 2^0$。

2. 八进制（Octal）

数码：有 8 个数字符号，即 0、1、2、3、4、5、6、7。

基数：8。

位权表示法：如 $731O = 7 \times 8^2 + 3 \times 8^1 + 1 \times 8^0$。

3. 十六进制（Hexadecimal）

数码：有 16 个数字符号，即 0、1、2、3、4、5、6、7、8、9、A、B、C、D、E、F。

基数：16。

位权表示法：如 $8fH = 8 \times 16^1 + 15 \times 16^0$。

1.2.2　各进制数之间的转换

1. 其他进制数转换成十进制数

采用位权展开法，求和时，以十进制累加。

例如：

$$(1010)_2 = 1 \times 2^3 + 0 \times 2^2 + 1 \times 2^1 + 0 \times 2^0 = (10)_{10}$$

$$(731)_8 = 7 \times 8^2 + 3 \times 8^1 + 1 \times 8^0 = (473)_{10}$$

$$(8f)_{16} = 8 \times 16^1 + F \times 16^0 = (143)_{10}$$

2. 十进制数转换成二进制数

十进制数到二进制数的转换，通常要区分数的整数部分和小数部分，并分别按除 2 取余数部分和乘 2 取整数部分两种不同的方法来完成。

（1）十进制数整数部分转换为二进制数的方法与步骤。

对整数部分，要用除 2 取余数的办法完成十→二的进制转换，其规则是：

① 用 2 除十进制数的整数部分，取其余数为转换后的二进制数整数部分的低位数字；

② 用 2 去除所得的商，取其余数为转换后的二进制数高一位的数字；

③ 重复执行第②步的操作，直到商为 0，结束转换过程。

例如，将十进制数 37 转换成二进制数。转换过程如下：

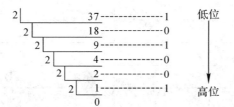

每一步所得的余数从下向上排列，即转换后的结果为 $(100101)_2$。

（2）十进制数小数部分转换为二进制数的方法与步骤。

对小数部分，要用乘 2 取整数的办法完成十→二的进制转换，其规则是：

① 用 2 乘十进制数的小数部分，取乘积的整数为转换后的二进制数的最高位数字；

② 再用 2 乘上一步乘积的小数部分，取新乘积的整数为转换后二进制小数低一位数字；

③ 重复第②步操作，直至乘积部分为 0，或已得到的小数位数满足要求，结束转换过程。

例如，将十进制的 0.43 转换成二进制小数。

```
                    0.43×2
高位    0    ┌───────────
             │    0.86×2
        1    │    0.72×2
        1    │    0.44×2
        0    │    0.88×2
             ↓
低位    1         0.76
```

每一步所得的整数从上向下排列，即转换后的二进制小数为 $(0.01101)_2$。

3. 二进制数与八进制数的转换

由图 1-6 所示的各进制编码值可以得出，每 3 个二进制位对应 1 个八进制位，因此得出以下规律：

整数部分：由低位向高位每 3 位一组，高位不足 3 位用 0 补足 3 位，然后每组分别按权展开求和即可。

小数部分：由高位向低位每 3 位一组，低位不足 3 位用 0 补足 3 位，然后每组分别按权展开求和即可。

二进制	十进制	八进制	十六进制
0	0	0	
1	1	1	1
10	2	2	2
11	3	3	3
100	4	4	4
101	5	5	5
110	6	6	6
111	7	7	7
1000	8	10	8
1001	9	11	9
1010	10	12	A
1011	11	13	B
1100	12	14	C
1101	13	15	D
1110	14	16	E
1111	15	17	F
10000	16	20	10

图 1-6　各进制编码值

例如，$(1010111.01101)_2$ 转换成八进制数。

$$1010111.01101 = 001\ 010\ 111.\ 011\ 010$$
$$\downarrow\quad\ \downarrow\quad\ \downarrow\quad\ \downarrow\quad\ \downarrow$$
$$1\quad\ 2\quad\ 7.\quad 3\quad\ 2$$

所以，$(1010111.01101)_2 = (127.32)_8$。

又如，$(327.5)_8$ 转换为二进制数。

$$3\quad\ 2\quad\ 7.\quad\ 5$$
$$\downarrow\quad\ \downarrow\quad\ \downarrow\quad\ \downarrow$$
$$011\ 010\ 111.\ 101$$

即 $(327.5)_8 = (11010111.101)_2$。

4. 二进制数与十六进制数的转换

由图 1-6 所示的各进制编码值可以得出，每 4 个二进制位对应 1 个十六进制位，因此得出以下规律：

整数部分：由低位向高位每 4 位一组，高位不足 4 位用 0 补足 4 位，然后每组分别按权展开，求和即可。

小数部分：由高位向低位每 4 位一组，低位不足 4 位用 0 补足 4 位，然后每组分别按权展开求和即可。

例如，将 $(110011101.011001)_2$ 转换为十六进制数。

$$(110011101.011001)_2\ 0001\ 1001\ 1101.\ 0110\ 0100$$
$$\downarrow\quad\ \downarrow\quad\ \downarrow\quad\ \downarrow\quad\ \downarrow$$
$$1\quad\ 9\quad\ D.\quad 6\quad\ 4$$

即 $(110011101.011001)_2 = (19D.64)_{16}$。

例如，$(26.EC)_{16}$ 转换成二进制数。

$$2\quad\ 6.\quad\ E\quad\ C$$
$$\downarrow\quad\ \downarrow\quad\ \downarrow\quad\ \downarrow$$
$$0010\ 0110.\ 1110\ 1100$$

即 $(26.EC)_{16} = (100110.111011)_2$。

5. 八进制数与十六进制数的转换

以二进制作为转换的中间工具。

例如，$(327.5)_8 = (11010111.101)_2 = (D7.A)_{16}$。

1.2.3　数据与编码

1. 位、字节和字

计算机中数据的常用单位有位、字节和字。位是度量数据的最小单位，在数字电路和计算机技术中采用二进制，代码只有 0 和 1。1 个字节由 8 个二进制数位组成。字节是计算机中用来表示存储空间大小的基本容量单位。例如，计算机内存的存储容量，磁盘的存储容量等都是以字节为单位表示的。除用字节为单位表示存储容量外，还可以用千字节（KB）、兆字节（MB）以及吉兆字节（GB）等表示存储容量。它们之间存在下列换算关系：

1 B = 8 bit

1 KB＝1024 B＝2^{10} B

1 MB＝1024 KB＝2^{10} KB＝2^{20} B

1 GB＝1024 MB＝2^{10} MB＝2^{30} B

1 TB＝1024 GB＝2^{10} GB＝2^{40} B

> 要注意位与字节的区别：位是计算机中最小数据单位，字节是计算机中基本信息单位。

2. ASCII 码

从键盘向计算机中输入的各种操作命令以及原始数据都是字符形式的，然而，计算机只能存储二进制数，这就需要对符号数据进行编码，输入的各种字符由计算机自动转换成二进制编码存入计算机。

目前计算机中用的最广泛的字符集及其编码是由美国国家标准局（ANSI）制定的ASCII 码（American Standard Code for Information Interchange，美国标准信息交换码），它已被国际标准化组织（ISO）定为国际标准，称为 ISO 646 标准。该标准适用于所有拉丁文字字母，ASCII 码有 7 位码和 8 位码两种形式，如表 1－1 所示。

表 1－1　ASCII 码

低四位＼高三位	000	001	010	011	100	101	110	111
0000	nul	dle	sp	0	@	P	`	p
0001	soh	dcl	!	1	A	Q	a	q
0010	stx	dc2	"	2	B	R	b	r
0011	etx	dc3	#	3	C	S	c	s
0100	eot	dc4	$	4	D	T	d	t
0101	enq	nak	%	5	E	U	e	u
0110	ack	syn	&	6	F	V	f	v
0111	bel	etb	`	7	G	W	g	w
1000	bs	can	(	8	H	X	h	x
1001	ht	em	)	9	I	Y	i	y
1010	nl	sub	*	:	J	Z	j	z
1011	vt	esc	+	;	K	[	k	{
1100	ff	fs	,	<	L	\	l		
1101	er	gs	—	=	M	]	m	}
1110	so	re	.	>	N	‸	n	~
1111	si	us	/	?	O	_	o	del

表1－2中对大小写英文字母、阿拉伯数字、标点符号及控制符等特殊符号规定了编码，表中每个字符都对应一个数值，称为该字符的 ASCII 码值。

表中有 94 个可打印字符，如：

"a"字符的编码为 1100001，对应的十进制数是 97。

"A"字符的编码为 1000001，对应的十进制数是 65。

"0"字符的编码为 0110000，对应的十进制数是 48。

表1－1中还有 34 个非图形字符（又称控制字符），如 sp(Space)空格、cr(Carriage Return)回车、del(Delete)删除。

3. 汉字编码

(1) 国标码。ASCII 码只对英文字母、数字和标点符号作了编码。为了使计算机能够处理、显示、打印、交换汉字字符等，同样需要对汉字进行编码。我国于 1980 年发布了国家汉字编码标准 GB2312—80，全称是《信息交换用汉字编码字符集——基本集》(简称国标码 GB)。GB2312—80 将收录的汉字分成两级：一级是常用汉字计 3755 个，按汉语拼音排列；二级汉字是次常用汉字计 3008 个，按偏旁部首排列。因为一个字节只能表示 256 种编码，所以一个国标码必须用两个字节来表示。

国标规定：一个汉字用两个字节来表示，每个字节只用前 7 位，最高位均未作定义，如表 1－2 所示。

表 1－2　汉字国标码编码的格式

B7	B6	B5	B4	B3	B2	B1	B0	B7	B6	B5	B4	B3	B2	B1	B0
0	×	×	×	×	×	×	×	0	×	×	×	×	×	×	×

(2) 内码与外码：国标码是汉字信息交换的标准编码，但因其前后字节的最高位为 0，与 ASCII 码发生冲突，国标码是不可能在计算机内部直接采用的，于是，汉字的机内码采用变形国标码，其变换方法为：将国标码的每个字节的最高位由 0 改 1，其余 7 位不变，如表 1－3 所示。

表 1－3　汉字机内编码的格式

B7	B6	B5	B4	B3	B2	B1	B0	B7	B6	B5	B4	B3	B2	B1	B0
1	×	×	×	×	×	×	×	1	×	×	×	×	×	×	×

在计算机系统中，由于内码的存在，输入汉字时就允许用户根据自己的习惯使用不同的输入码，进入系统后再统一转换成内码存储。如果用拼音输入法输入"国"字和用五笔输入法输入"国"字，它们在计算机内都是以同一个内码的方式存储的。这样就保证了汉字在各种系统之间的交换成为可能。与内码对应，输入法编码称为外码。

(3) 汉字字形码。字形存储码是指供计算机输出汉字(显示或打印)用的二进制信息，也称字模。通常采用的是数字化点阵字模。如图 1－7 所示。

汉字字形码是一种用点阵表示字形的码，是汉字的输出形式。它把汉字排成点阵。常用的点阵为 16×16、24×24、32×32 或更高。每一个点在存储器中用一个二进制位(bit)存储。例如，在 16×16 的点阵中，需 8×32 bit 的存储空间，每 8 bit 为 1 字节，所以，需 32

字节的存储空间。在相同点阵中，不管其笔画繁简，每个汉字所占的字节数相等。

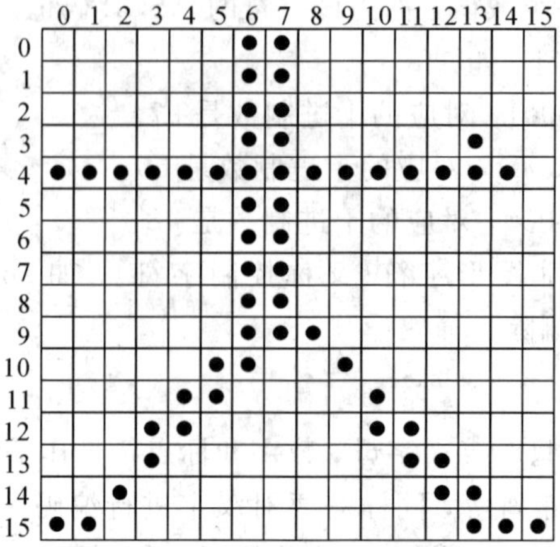

图 1-7　点阵字模

点阵规模越大，字形越清晰美观，所占存储空间也越大。缺点是字形放大后产生的效果差。

当前为了节省存储空间，普遍采用字形数据压缩技术。矢量表示方式存储的是描述汉字字形的轮廓特征，当要输出汉字时，通过计算机的计算，由汉字字形描述生成所需大小和形状的汉字点阵。矢量化字形描述与最终文字显示的大小分辨率无关，因此可产生高质量的汉字输出，避免了汉字点阵字形模放大后产生的锯齿现象。

各种汉字编码的关系如图 1-8 所示。

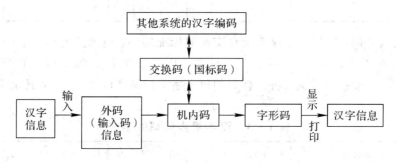

图 1-8　汉字编码之间的关系

1.3　计 算 机 系 统

一个完整的计算机系统包括硬件系统和软件系统两部分，硬件系统是基础，软件系统是灵魂。通过学习本节读者可了解计算机系统的基本组成以及计算机的主要性能指标。

1.3.1　计算机系统组成

一个完整的计算机系统包括硬件系统和软件系统两部分。组成一台计算机的物理设备的总称叫计算机硬件系统，是实实在在的物理实体，是计算机工作的基础。指挥计算机工作的各种程序的集合称为计算机软件系统，是计算机的灵魂，是控制和操作计算机工作的核心。计算机系统的组成如图 1-9 所示。

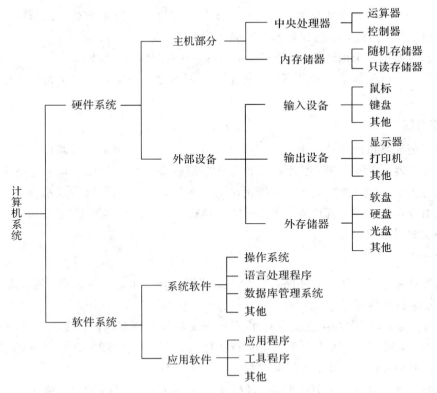

图 1-9　计算机系统的组成

　　计算机硬件是组成计算机的物理设备，它们是构成计算机看得见、摸得着的物理实体。其由各种单元、电子线路和各种器件组成，是组成计算机的物质基础，包括运算器、控制器、存储器、输入/输出设备和各种线路、总线等。计算机软件是运行在计算机硬件上的各种程序及相关数据的总称。程序是组成计算机最基本的操作指令，计算机所有指令的组合称为指令系统。程序以二进制的形式存储在计算机的存储器中。软件就像是人的灵魂，没有软件，计算机形同一堆废铁，是无法工作的。因此硬件是计算机系统的物质基础，软件是计算机系统的灵魂，二者缺一不可。硬件和软件相互依存、相互影响，硬件的发展对软件提供了技术发展空间，也是软件存在的依托。同时，软件的发展对硬件提出了更高的要求，促使硬件的更新和发展。

1.3.2　计算机硬件系统结构

　　计算机硬件系统的结构一直沿用着称冯·诺依曼提出的模型，它由运算器、控制器、存储器、输入设备和输出设备五大功能部件组成。各种信息通过输入设备进入计算机的内存，然后送到运算器，运算完毕后把结果送到内存，最后由输出设备显示出来。全过程由控制器进行控制。其工作过程如图 1-10 所示。

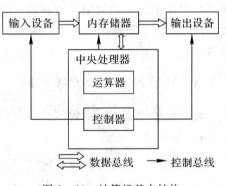

图 1-10　计算机基本结构

1. 运算器

运算器是计算机处理数据形成信息的加工厂，它的主要功能是对二进制数码进行算术运算或逻辑运算。因此，称它为算术逻辑部件(ALU)。

运算器主要由一个加法器、若干个寄存器和一些控制线路组成。

运算器的性能是衡量一台计算机性能的重要因素之一，与运算器相关的性能指标包括计算机的字长和速度。

2. 控制器

控制器是计算机的神经中枢，用于指挥计算机各个部件自动、协调地工作。控制器主要由指令寄存器、译码器、程序计数器和操作控制器等组成，它的基本功能是从内存中取指令和执行指令。控制器按程序计数器指出的指令地址从内存中取出该指令进行译码，然后根据该指令功能向有关部件发出控制命令，执行指令。另外，控制器在工作过程中，还接收各部件反馈回来的信息。

3. 存储器

存储器具有记忆功能，用来保存信息，如数据、指令和运算结果等。存储器可分为两种：内存储器和外存储器。

(1) 内存储器(简称内存或主存)。内存储器又称主存储器，它直接与 CPU 相连接，存储容量较小，但速度快，用来存放当前运行程序的指令，并直接与 CPU 交换信息。内存储器由许多存储单元组成，每个单元能存放一个二进制数。

存储器的存储容量以字节为基本单位，每个字节都有自己的编号，称为"地址"。如果要访问存储器中的某个信息，必须知道它的地址，然后再按地址存入或取出信息。

(2) 外存储器(简称外存或辅存)。外存储器又称辅助存储器，它是内存的扩充。外存的存储容量大，价格低，但存储速度较慢，一般用来存放大量暂时不用的程序、数据和中间值，需要时，可成批地与内存储器进行信息交换。外存只能与内存交换信息，不能被计算机系统的其他部件直接访问。

4. 输入/输出设备

输入/输出设备简称 I/O(Input/Output)设备。输入设备用来向计算机输入数据，输出设备用来将计算机处理的结果显示或打印出来。

人们通常把内存储器、运算器和控制器合称为计算机主机。把运算器、控制器做在一个大规模集成芯片称为中央处理器，即 CPU(Central Processing Unit)。也可以说，主机是由 CPU 和内存储器组成的，而主机以外的装置称为外部设备，外部设备包括输入/输出设备。

1.3.3　计算机的主要性能指标

计算机的性能指标主要包括以下几个方面：

1. 字长

字长是指计算机能直接处理的二进制信息的位数。字长与计算机的功能和用途有很大的关系，是计算机的一个重要技术指标。字长直接反映了一台计算机的计算精度。在其他指标相同时,字长越长,计算机处理数据的速度就越快。早期的微机字长一般是 8 位和 16 位。目前市面上的计算机的处理器大部分已达到 64 位。

字长由微处理器对外数据通路的数据总线条数决定。

2. 运算速度

运算速度即计算机的运算速度(平均运算速度),是指每秒钟所能执行的指令条数,一般用"百万条指令/秒"(MIPS)来描述。运算速度是衡量计算机性能的一项重要指标。

3. 时钟频率

时钟频率也称为主频。是指 CPU 在单位时间(秒)内所发出的脉冲数,单位为兆赫兹(MHz)。它在很大程度上决定了计算机的运算速度,一般时钟频率越高,运算速度就越快。时钟频率是反映计算机速度的一个重要的间接指标,我们购买 CPU 时通常以它作为重要的参数来考虑。

4. 内存容量

计算机的内存容量通常是指随机存储器(RAM)的容量,是内存条的关键性参数。内存越大,其处理数据的范围就越广,并且运算速度也越快。

5. 存取速度

存储器完成一次读/写操作所需的时间称为存储器的存取时间或访问时间,存储器连续进行读/写操作所允许的最短时间间隔称为存取周期。存取周期越短,存取速度越快,它是反映存储器性能的一个重要参数。内存的速度一般用存取时间衡量,即每次与 CPU 间数据处理耗费的时间,以纳秒(ns)为单位。目前大多数 SDRAM 内存芯片的存取时间为 5、6、7、8 或 10 ns。

6. 磁盘容量

磁盘容量通常指硬盘、软盘存储量的大小,反映了计算机存取数据的能力。

磁盘属于外存储器,它与内存的区别是:

内存储器:速度快,价格贵,容量小,断电后内存中的数据会丢失。

外存储器:速度慢,单位价格低,容量大,断电后数据不会丢失。

7. 高速缓冲存储器

磁盘缓冲加速了磁盘的访问速度,那么相同的技术是否可以加速内存的访问速度呢?高速缓冲存储器就是这样一个硬件设备。高速缓冲存储器是一个特别的高速随机存储器,可以使 CPU 用很快的速度访问数据。由于 CPU 的速度非常快,所以大部分时间都是在等待从 RAM 中传送的数据。高速缓冲存储器使得一旦 CPU 请求,就可以迅速访问到数据。

1.4 计算机组装

1.4.1 认识 PC 整机

从外部结构看,一台台式计算机包括的硬件主要有主机、显示器、键盘、鼠标等,如图 1-11 所示。

图 1-11 计算机

1.4.2 主要部件的选购

1. 主板

主板又叫主机板（mainboard）或母板（motherboard），它安装在机箱内，是微机最基本的也是最重要的部件之一。主板一般为矩形电路板，上面安装了组成计算机的主要电路系统，一般有 BIOS 芯片、I/O 控制芯片、键盘和面板控制开关接口、指示灯插接件、扩充插槽、主板及插卡的直流电源供电接插件等元件，如图 1-12 所示。

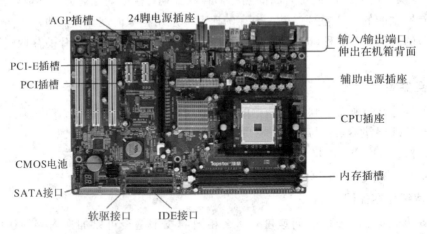

图 1-12 主板

电脑的主板对电脑的性能来说，影响是很大的。曾经有人将主板比喻成建筑物的地基，其质量决定了建筑物坚固耐用与否；也有人形象地将主板比作高架桥，其好坏关系着交通的畅通力与流速。

主板的性能指标有：

（1）主板芯片组类型。主板芯片组是主板的灵魂与核心，芯片组性能的优劣决定了主板性能的好坏与级别的高低。CPU 是整个电脑系统的控制运行中心，而主板芯片组不仅要支持 CPU 的工作，而且要控制和协调整个系统的正常运行。主流芯片组主要分支持 INTEL公司的 CPU 芯片组和支持 AMD 公司的 CPU 芯片组两种。

（2）主板 CPU 插座。主板上的 CPU 插座主要有 Socket478、LGA775 等，引脚数越多，表示主板所支持的 CPU 性能越好。

（3）是否集成显卡。一般情况下，相同配置的机器集成显卡的性能不如相同档次的独立显卡，但集成显卡的兼容性和稳定性较好。

（4）支持最高的前端总线。前端总线是处理器与主板北桥芯片或内存控制集线器之间的数据通道，其频率高低直接影响 CPU 访问内存的速度。

（5）支持最高的内存容量和频率。支持的内存容量和频率越高，电脑性能越好。

选购主板时应注意以下几方面：

（1）对 CPU 的支持。主板和 CPU 应配套。

（2）对内存、显卡、硬盘的支持。要求主板的兼容性和稳定性好。

（3）扩展性能与外围接口。考虑电脑的日常使用，主板除了有 AGP 插槽和 DIMM 插槽外，主板上还有 PCI、AMR、CNR、ISA 等扩展槽。

（4）主板的用料和制作工艺。就主板电容而言，全固态电容的主板好于半固态电容的主板。

（5）品牌。最好选择知名品牌的主板，目前知名的主板品牌有：华硕（ASUS）、微星（MSI）、技嘉（GIGABYTE）等。

2. CPU

中央处理器（CPU）由运算器和控制器组成。运算器有算术逻辑部件 ALU 和寄存器；控制器有指令寄存器、指令译码器和指令计数器 PC 等。CPU 外观如图 1-13 所示。

CPU 的性能指标直接决定了由它构成的微型计算机系统的性能指标。CPU 的性能指标主要由字长、主频和缓存决定。

图 1-13　CPU

（1）主频、外频和倍频。主频是 CPU 的时钟频率，即 CPU 的工作频率。一般来说，一个时钟周期完成的指令数是固定的，所以主频越高，CPU 的速度也就越快。外频及 CPU 和周边传输数据的频率，具体是指 CPU 到芯片组之间的总线速度。CPU 的外频决定着整块主板的运行速度。倍频和外频相乘就是主频。

（2）地址总线宽度。地址总线宽度决定了 CPU 可以访问的物理地址空间，例如 32 位的地址总线，最多可以直接访问 4 GB 的物理空间。

（3）数据总线宽度。数据总线宽度决定了 CPU 与内存以及输入/输出设备之间一次数据传输的信息量。

（4）工作电压。工作电压指的是 CPU 正常工作所需的电压。低电压能够解决耗电多和发热过高的问题，使 CPU 工作时的温度降低，工作状态稳定。

（5）高速缓冲存储器。高速缓冲存储器是一种速度比内存更快的存储设备，用于缓解CPU 和主存储器之间速度不匹配的矛盾，进而改善整个计算机系统的性能。很多大型、中型、小型以及微型计算机中都采用高速缓存器。

除上述性能指标外，CPU 还有其他如制造工艺、接口类型、多媒体指令集、装封形式、整数单元和浮点单元强弱等性能指标。

选购 CPU 时应注意以下几个方面：

（1）确定 CPU 的品牌，可以选用 Intel 或 AMD。AMD 的 CPU 性价比较高，而 Intel的 CPU 稳定性较好。

（2）CPU 和主板配套，即 CPU 的前端总线频率应不大于主板的前端总线频率。

（3）查看 CPU 的参数，主要看主频、前端总线频率、缓存、工作电压等，如 Pentium D2.8 GHz/2 MB/800/1.25 V，Pentium D 指 Intel 奔腾 D 系列处理器，2.8 GHz 指 CPU 的主频，2 MB 指二级缓存的大小，800 指的是前端总线频率为 800 MHz，1.25 V 指的是CPU 的工作电压，工作电压越小越好，因为工作电压低的 CPU 产生的热量越少。

（4）CPU 风扇转速越大越好。风力越大，降温效果越好。

3．内存条

内存又称主存，内存是计算机中重要的部件之一，它是与 CPU 进行沟通的桥梁。计算机所需处理的全部信息都是由内存来传递给 CPU 的，因此内存的性能对计算机的影响非常大。内存（Memory）也被称为内存储器，其作用是暂时存放 CPU 中的运算数据，以及与硬盘等外部存储器交换的数据。当电脑需要处理信息时，把外存的数据调入内存。内存条如图 1－14 所示。

图 1－14　内存条

内存的性能指标有：

（1）传输类型。传输类型实际上是指内存的规格，即通常说的 DDR2 内存还是 DDR3内存，DDR3 内存在传输速率、工作频率、工作电压等方面都优于前者。

（2）主频。内存主频和 CPU 主频一样，习惯上被用来表示内存的速度，它代表着该内存所能达到的最高工作频率。内存主频是以 MHz（兆赫）为单位来计量的。内存主频越高在一定程度上代表着内存所能达到的速度越快。目前较为主流的内存频率是 800 MHz 的DDR2 内存，以及一些内存频率更高的 DDR3 内存。

（3）存储容量。存储容量指一根内存条可以容纳的二进制信息量。当前常见的内存容量有：512 MB、1 GB、2 GB、4 GB、8 GB 和 16 GB 等。

（4）可靠性。存储器的可靠性用平均故障间隔时间来衡量，可以理解为两次故障之间的平均时间间隔。

选购内存时应注意：

（1）了解电脑主板，查阅电脑主板最高支持多大的内存，还有就是主机拥有几个内存条插槽。有的只有一个插槽，而有的含有两个。

（2）确定内存的品牌，最好选择名牌厂家的产品。比如，Kingston（金士顿），兼容性好，稳定性高，但市场上假货较多；现代（HY）、ADATA（威刚）、APacer（宇瞻）也是不错的品牌。

（3）确定内存的工作频率和工作电压，否则可能会出现不兼容的问题。

（4）仔细辨别内存的真伪。

（5）检查内存做工的精细程度。

最后需要注意的是，32 位系统的电脑内存支持最多不超过 4 GB。所以，如果要安装 4 GB 以上的内存，请将系统更换为 64 位。

4. 硬盘

硬盘是计算机中最重要的外存储器，用来存放大量数据，由一个或者多个铝制或者玻璃制的碟片组成。这些碟片外覆盖有铁磁性材料。绝大多数硬盘都是固定硬盘，被永久性地密封固定在硬盘驱动器中，如图 1 - 15 所示。

图 1 - 15　硬盘

硬盘的性能指标有：

（1）容量。一张盘片具有正、反两个存储面，两个存储面的存储容量之和就是硬盘的单碟容量，单碟容量越大，单位成本越低，平均访问时间也越短。

（2）转速。转速是硬盘内电机主轴的旋转速度，也就是硬盘盘片在一分钟内所能完成的最大转数。转速的快慢是标示硬盘档次的重要参数之一，它是决定硬盘内部传输率的关键因素之一，在很大程度上直接影响到硬盘的速度。硬盘的转速越快，硬盘寻找文件的速度也就越快，相对地硬盘的传输速度也就得到了提高。硬盘转速以每分钟多少转来表示，单位表示为 RPM。RPM 是 Revolutions Per Minute 的缩写，是转/每分钟。

（3）平均访问时间。平均访问时间是指磁头从起始位置到达目标磁道位置，并且从目标磁道上找到要读写的数据扇区所需的时间。

（4）传输速率。传输速率指硬盘读写数据的速度，单位为兆字节每秒（MB/s），硬盘的传输速率取决于硬盘的接口。常用的接口有 IDE 接口和 SATA 接口，SATA 接口传输速率普遍较高，因此现在的硬盘大多采用 SATA 接口。

（5）缓存。缓存（Cache memory）是硬盘控制器上的一块内存芯片，具有极快的存取速度，它是硬盘内部存储和外界接口之间的缓冲器。一般缓存较大的硬盘在性能上会有更突出的表现。

选购硬盘时应注意：

（1）硬盘容量的大小。

（2）硬盘的接口类型。硬盘接口的优劣直接影响着程序运行快慢和系统性能好坏，目前流行的是 SATA 接口。

（3）硬盘数据缓存及寻道时间。对于大缓存的硬盘，在存取零碎数据时具有非常大的优势，因此当硬盘存取零碎数据时需要不断地在硬盘与内存之间交换数据，如果有大缓存，则可以将那些零碎数据暂存在缓存中，这样一方面可以减小外系统的负荷，另一方面也提高硬盘数据的传输速度。

（4）硬盘的品牌选择。目前市场上知名的品牌有：希捷（Seagate）、三星（Samsung）、西部数据（Western Digital）、日立（HITACHI）等。

5. 显卡

显卡是主机与显示器连接的"桥梁"，是连接显示器和主板的适配卡，作用是控制显示器的显示方式。显示卡分集成显卡和独立显卡。图 1－16 所示为独立显卡。

图 1－16　显卡

显卡的性能指标有：

（1）分辨率。显卡的分辨率表示显卡在显示器上所能描绘的像素的最大数量，一般以横向点数×纵向点数来表示，分辨率越高，在显示器上显示的图像越清晰，图像和文字可以更小，在显示器上可以显示出更多的东西。

（2）色深。像素的颜色数称为色深，该指标用来描述显示卡在某一分辨率下，每一个像素能够显示的颜色数量，一般以多少色或多少"位"色来表示。

（3）显存容量。显存与系统内存一样，其容量也是越多越好，因为显存越大，可以存储的图像数据就越多，支持的分辨率与颜色数也就越高，做设计或游戏时运行起来就更加流畅。现在主流显卡基本上具备的是 512 MB 容量，一些中高端显卡则配备了 1 GB 的显存容量。

（4）刷新频率。刷新频率是指图像在显示器上更新的速度，也就是图像每秒在屏幕上出现的帧数，单位为 Hz。刷新频率越高，屏幕上图像的闪烁感就越小，图像越稳定，视觉效果也越好。一般刷新频率在 75 Hz 以上时，人眼对影像的闪烁才不易察觉。

（5）核心频率与显存频率。核心频率是指显卡视频处理器（CPU）的时钟频率。显存频率则是指显存的工作频率。显存频率一般比核心频率略低，或者与核心频率相同。显卡的核心频率和显存频率越高，显卡的性能越好。

选购显卡时应注意：

（1）显存容量和速度。

（2）显卡芯片。显卡芯片主要有 NVIDIA 和 ATI。

（3）散热性能。

（4）显存位宽。目前市场上的显存位宽有 64 位、128 位和 256 位三种，人们习惯上叫的 64 位显卡、128 位显卡和 256 位显卡就是指其相应的显存位宽。显存位宽越高，性能越好，价格也就越高。

（5）显卡的品牌选择。目前市场上知名的品牌有 Colorful（七彩虹）、GALAXY（影驰）、ASUS（华硕）、UNIKA（双敏）。

6. 显示器

显示器属于电脑的 I/O 设备，即输入/输出设备。它可以分为阴极射线管显示器（CRT）（如图 1-17 所示）、液晶显示器（LCD）（如图 1-18 所示）、等离子体显示器（PDP）、真空荧光显示器（VFD）等多种。不同类型的显示器应配备相应的显示卡。显示器有显示程序执行过程和结果的功能。

图 1-17　CRT 显示器　　　　　　　　　　　图 1-18　LCD 显示器

目前，一般购置电脑都选择液晶显示器，其性能指标主要有：

（1）可视面积。液晶显示器所标示的尺寸就是实际可以使用的屏幕范围。例如，一个 15.1 英寸的液晶显示器约等于 17 英寸 CRT 屏幕的可视范围。

（2）可视角度。液晶显示器的可视角度左右对称，而上下则不一定对称。大多数从屏幕射出的光具备了垂直方向，而从一个非常斜的角度观看一个全白的画面，我们可能会看到黑色或色彩失真。

（3）点距。我们常问到液晶显示器的点距是多大，比如 14 英寸 LCD 的可视面积为 285.7 mm×214.3 mm，它的最大分辨率为 1024×768，那么点距就等于可视宽度/水平像素（或者可视高度/垂直像素），即 285.7 mm/1024＝0.279 mm。

（4）色彩度。LCD 重要的当然是色彩表现度。我们知道，自然界的任何一种色彩都是由红、绿、蓝三种基本色组成的。高端液晶使用了所谓的 FRC（Frame Rate Control）技术以仿真的方式来表现出全彩的画面，也就是每个基本色（R、G、B）能达到 8 位，即 256 种颜色，那么每个独立的像素有高达 256×256×256＝16 777 216 种色彩。

（5）亮度和对比度。液晶显示器的亮度越高，显示的色彩就越鲜艳。对比值是最大亮度值（全白）除以最小亮度值（全黑）的比值。CRT 显示器的对比值通常高达 500∶1，以至在 CRT 显示器上呈现真正全黑的画面是很容易的，但对 LCD 来说就不是很容易了，由冷阴极射线管所构成的背光源很难去做快速的开关动作，因此背光源始终处于点亮的状态。为了要得到全黑画面，液晶模块必须完全把由背光源而来的光完全阻挡，但在物理特性上，这些组件无法完全达到这样的要求，总会有一些漏光发生。一般来说，人眼可以接受的对比值约为 250∶1。

（6）响应时间。响应时间是指液晶显示器各像素点对输入信号反应的速度，此值当然越小越好。如果响应时间太长了，就有可能使液晶显示器在显示动态图像时，有尾影拖曳的感觉。一般的液晶显示器的响应时间在 20～30 ms 之间。

选购显示器时应注意：

（1）液晶显示器对比度和亮度的选择；

（2）灯管的排列；

（3）液晶显示器的响应时间和视频接口；

（4）液晶显示器的分辨率和可视角度；

（5）品牌。目前比较知名的显示器品牌有三星、LG、AOC、飞利浦等。

7. 光驱

光驱是计算机用来读写光碟内容的设备，在安装系统软件、应用软件、数据保存等情况经常用到光驱。目前，光驱可分为 CD - ROM 驱动器、DVD 光驱（DVD - ROM）、康宝（COMBO）和刻录机等，如图 1 - 19 所示。

图 1 - 19　光驱

光驱的性能指标有：

（1）数据传输率：光驱在 1 秒时间内所能读取的数据量，用千字/秒（kb/s）表示。该数据量越大，则光驱的数据传输率就越高。双速、四速、八速光驱的数据传输率分别为 300 kb/s、600 kb/s 和 1.2 Mb/s，以此类推。

（2）平均访问时间：又称平均寻道时间，是指 CD - ROM 光驱的激光头从原来位置移动到一个新指定的目标（光盘的数据扇区）位置并开始读取该扇区上的数据这个过程中所花费的时间。

（3）CPU 占用时间：CD - ROM 光驱在维持一定的转速和数据传输速率时所占用 CPU 的时间。

选购光驱时应注意：

（1）光驱读写速度；

（2）光驱的纠错能力；

（3）光驱的稳定性；

（4）光驱的芯片材料。

8. 音箱

音箱指将音频信号变换为声音的一种设备。通俗地讲，就是指音箱主机箱体或低音炮箱体内自带功率放大器，对音频信号进行放大处理后由音箱本身回放出声音，如图 1 - 20 所示。

音箱的性能指标有：

（1）功率。

（2）信噪比：功放最大不失真输出电压和残留噪声电压之比。

（3）频率范围。

图 1-20　音箱

目前市场上知名的音箱品牌有漫步者（Edifier）、麦博（Microlab）、三星（Samsung）音箱等。

9. 机箱

机箱是电脑主机的"房子"，起容纳和保护 CPU 等电脑内部配件的重要作用，从外观上分立式和卧式两种。机箱一般包括外壳、用于固定软硬盘驱动器的支架、面板上必要的开关、指示灯和显示数码管等。配套的机箱内还有电源，如图 1-21 所示。

机箱的性能和选购应注意以下几方面：

（1）制作材料；

（2）制作工艺；

（3）使用的方便度；

（4）机箱的散热能力；

图 1-21　机箱

（5）机箱的品牌。

10. 键盘和鼠标

键盘是计算机最常用的输入设备，包括数字键、字母键、功能键、控制键等，如图 1-22所示。

图 1-22　键盘和鼠标

鼠标的全称是显示系统纵横位置指示器，因形似老鼠而得名"鼠标"，英文名为"Mouse"。鼠标的使用是为了使计算机的操作更加简便，从而代替键盘繁琐的指令。

鼠标按键数分类可以分为传统双键鼠、三键鼠和新型的多键鼠标；按内部构造分类可以分为机械式、光机式和光电式三大类；按接口分类可以分为 COM、PS/2、USB 三类。

一般情况下，键盘和鼠标的市场价格都比较便宜。由于键盘鼠标的使用率较高，容易损坏，因此建议选择价格适中的产品。

1.4.3　个人电脑硬件的组装

1. 在主板上安装 CPU

找到主板上安装 CPU 的插座，稍微向外、向上拉开 CPU 插座上的拉杆，拉到与插座垂直的位置，如图 1－23 所示。

仔细观察可看到在靠近阻力杆的插槽一角与其他三角不同，上面缺少针孔。取出 CPU，仔细观察 CPU 的底部会发现在其中一角上也没有针脚，这与主板 CPU 插槽缺少针孔的部分是相对应的，只要让两个没有针孔的位置对齐就可以正常安装 CPU 了。

看清楚针脚位置以后就可以把 CPU 安装在插槽上了。安装时用拇指和食指小心夹住 CPU，然后缓慢将 CPU 放入到插槽中。安装过程中要保证 CPU 始终与主板垂直，不要产生任何角度和错位，而且在安装过程中如果觉得阻力较大的话，必须拿出 CPU 重新安装。当 CPU 顺利地安插在 CPU 插槽中（如图 1－24）后，使用食指下拉插槽边的阻力杆至底部卡住后，CPU 的安装过程就大功告成了。

图 1－23　拉开插座拉杆

图 1－24　安装上 CPU

2. 安装散热器

如果是原装 CPU 风扇，一般本身自带硅脂，因此可以直接安装；如果是散装风扇，则在安装前需要在风扇底部涂上一层硅脂。在安装之前应先确保 CPU 插槽附近的四个风扇支架没有松动的部分。然后将风扇两侧的压力调节杆搬起，小心将风扇垂直轻放在四个风扇支架上，用两只手扶中间支点并轻压风扇的四周，使其与支架慢慢扣合，在听到四周边角扣具发出扣合的声音后就可以了。最后将风扇两侧的双向压力调节杆向下压至底部以扣紧风扇，保证散热片与 CPU 紧密接触。在安装完风扇后，千万记得要将风扇的供电接口安装回去。

3. 安装内存条

安装内存前先要将内存插槽两端的白色卡子向两边扳动，将其打开，这样才能将内存插入。然后插入内存条,内存条的 1 个凹槽必须直线对准内存插槽上的 1 个凸点(隔断)。之后向下按入内存,在按的时候需要稍稍用力,如图 1-25 所示。

图 1-25　安装内存条

4. 将主板安装到机箱中

将主板安装到机箱中的步骤如下:

(1) 在安装主板之前,先将机箱提供的主板垫脚螺母安放到机箱主板托架的对应位置(有些机箱购买时就已经安装)。

(2) 将 I/O 挡板安装到机箱的背部,然后双手平托住主板,将主板放入机箱中,如图 1-26 所示。

图 1-26　将主板放入机箱中

(3) 拧紧螺丝,固定主板。注意:螺丝不能一次性就拧紧,以避免扭曲主板,应先将螺丝固定,然后慢慢逐个拧紧。

5. 安装电源

先将电源放进机箱上的电源位,并将电源上的螺丝固定孔与机箱上的固定孔对正。然后拧上一颗螺钉(固定住电源即可),之后将剩下 3 颗螺钉孔对正位置,再拧上剩下的螺钉即可,如图 1-27 所示。

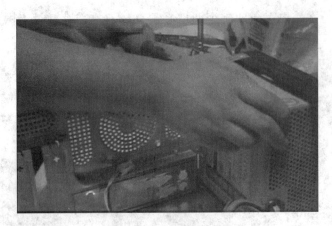

图 1－27　电源的安装

6. 安装光盘驱动器

从机箱的面板上，取下一个五寸槽口的塑料挡板。为了散热，应该尽量把光驱安装在最上面的位置。先把机箱面板的挡板去掉，然后把光驱从前面放进去，安装光驱后固定光驱螺丝。

7. 安装硬盘

安装硬盘的步骤如下：

（1）在机箱内找到硬盘驱动器舱，再将硬盘插入驱动器舱内，并使硬盘侧面的螺丝孔与驱动器舱上的螺丝孔对齐。

（2）用螺丝将硬盘固定在驱动器舱中。在安装的时候，要尽量把螺丝上紧，把它固定得稳一点，因为硬盘经常处于高速运转的状态，这样可以减少噪音以及防止震动。

8. 安装显卡

显卡插入插槽中后，用螺丝固定显卡，如图 1－28 所示。固定显卡时，要注意显卡挡板下端不要顶在主板上，否则无法插到位。插好显卡，固定挡板螺丝时要松紧适度，注意不要影响显卡插脚与 PCI/PCE－E 槽的接触，更要避免引起主板变形。安装声卡、网卡或内置调制解调器与之相似，在此不再赘述。

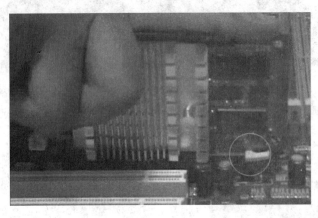

图 1－28　显卡的安装

9. 连接相关数据线

连接数据线的步骤如下：

（1）找到一个插头上标有 AUDIO 的跳线，这个插头就是前置的音频跳线。在主板上找到 AUDIO 插槽并插入，这个插槽通常在显卡插槽附近。

（2）找到报警器跳线 SPEAKER，在主板上找到 SPEAKER1 插槽并将线插入。这个插槽在不同品牌主板上的位置可能是不一样的。

（3）找到标有 USB 字样的 USB 跳线，将其插入 USB 跳线插槽中。

（4）找到主板跳线插座，一般位于主板右下角，共有 9 个针脚，其中最右边的针脚是没有任何用处的。将硬盘灯跳线 H.D.D. LED、重启键跳线 RESET SW、电源信号灯 POWER LED、电源开关跳线 POWER SW 分别插入对应的接口。

（5）连接数据接口：硬盘一般采用 SATA 接口，光驱则多采用 IDE 接口，按照接口的类型，用 IDE 数据线和 SATA 数据线连接主板、硬盘以及光驱。

10. 连接电源线

为整个主板供电的电源线插头共有 24 个针脚。主板的电源插座采用了防插反设计，正确插法是将带有卡子的一侧对准电源插座凸出来的一侧插进去。连接好主板和电源之间的接线后，再连接硬盘和光驱上的电源线。

11. 整理内部连线和合上机箱盖

机箱内部的空间并不宽敞，加之设备发热量比较大，如果机箱内没有一个宽敞的空间，会影响空气流动与散热，同时容易发生连线松脱、接触不良或信号紊乱的现象。因此装机箱盖时，要仔细检查各部分的连接情况，确保无误后，把主机的机箱盖盖上，上好螺丝，主机安装就成功完成。

12. 连接外设

主机安装完成以后，把相关的外部设备如键盘、鼠标、显示器、音箱等同主机连接起来，如图 1 - 29 所示。

图 1 - 29　连接外设

至此，所有的计算机设备都已经安装好，按下机箱正面的开机按钮启动电脑，可以听到 CPU 风扇和主机电源风扇转动的声音，还有硬盘启动时发出的声音。显示器上开始出现开机画面，并且进行自检。

习　题

一、填空题

1. 按照计算机的体积大小、结构复杂程度、功率消耗、性能指标、数据存储容量、指令系统和设备、软件配置等的不同，可以将计算机分为(　　　　)、(　　　　)、(　　　　)、(　　　　)、(　　　　)。

2. 一个完整的计算机系统包括(　　　　)和(　　　　)两大部分。

3. 冯·诺依曼计算机具体由五大功能模块组成，即运算器、(　　　　)、(　　　　)、输入设备和输出设备，这五大部分相互配合，协同工作。

4. 目前流行的微型计算机的基本结构从外观上看都是由主机、(　　　　)、键盘、鼠标等组成的。(　　　　)是微型计算机的核心，主要由系统主板、(　　　　)、内存、硬盘、光盘驱动器、显示器适配器(显卡)、电源等构成。

5. 中央处理器(CPU)的档次直接决定了一个计算机系统的档次。CPU可以同时处理的二进制数据的(　　　　)是最重要的一个品质标志。目前市面上的CPU主要有Intel和(　　　　)两种品牌。

6. 数制也称(　　　　)，是用一组固定的符号和统一的规则来表示数值的方法。人们通常采用的数制有十进制、(　　　　)、(　　　　)和十六进制。

7. (　　　　)称为"美国信息交换标准代码"，是美国的字符代码标准，并被国际标准化组织(ISO)确定为国际标准，成为了一种国际上通用的字符编码。

8. 不同进制数据的转换原则是：(　　　　)。因为两个有理数相等要求其部分与部分分别相等，所以两部分要分别转换。

9. 将下列不同进制数进行转换。

$(10111.11)_2 = ($ 　　　　$)_{10}$

$(4573.2)_8 = ($ 　　　　$)_{10}$

$(4BA)_{16} = ($ 　　　　$)_{10}$

$(186.53)_{10} = ($ 　　　　$)_2$

$(3902)_{10} = ($ 　　　　$)_8$

二、简述题

1. 按照计算机处理的对象的方式可以将其分为哪几类？

2. 衡量CPU的主要性能指标有哪几个？选购内存时要注意什么问题？

3. 存储容量的主要单位有哪几种？写出它们之间的换算关系。

4. 日常工作中如何防范计算机病毒？当计算机出现异常时怎么办？

5. 分别写出十进制、二进制、八进制和十六进制的数码、基数和位权。

6. 组装一台个人计算机需要购买哪些计算机配件？

项目二　Windows 7 系统应用

学习目标

1. 熟悉 Windows 的基本操作
① 鼠标的基本操作；
② 窗口的组成与操作；
③ 菜单、快捷键、任务栏、工具栏、对话框的操作。
2. 熟悉文件管理
① 文件与文件夹的基本操作；
② 资源管理器的使用；
③ 文件搜索。
3. 掌握 Windows 系统管理
① 添加/删除程序；
② 显示属性的设置；
③ 网络连接、网上邻居、共享文件夹的设置；
④ 任务管理器的使用；
⑤ 用户管理。

应用情景

公司为新聘员工配备了办公电脑，王浩作为计算机系统维护工程师，负责安装操作系统，并对操作系统进行配置。目前主流的桌面操作系统有美国微软公司开发的 Windows XP(简称 XP)、Windows 7(简称 Win 7)和 Windows 10(简称 Win 10)，目前市场占有率最高的仍然是 Windows 7 操作系统。王浩对比了多个操作系统，决定选择 Windows 7，Windows 7 的设计主要围绕五个重点：针对笔记本电脑的特有设计；基于应用服务的设计；用户的个性化；视听娱乐的优化；用户易用性的新引擎，这些新功能使 Windows 7 成为最易用的 Windows 系统。

2.1　初识 Windows 7

2.1.1　正确开机和关机

步骤 1：启动计算机

打开显示器上的电源，然后按下主机的电源开关。系统经过自检后，出现 Windows 7 的启动界面，进入 Windows 7 默认的用户操作界面。

启动计算机的方法有冷启动、热启动和复位启动三种。

（1）冷启动：在计算机尚未开启电源的情况下启动，即步骤1中所用方法。

（2）热启动简单地说就是重新启动，方法是单击"开始"按钮旁的下三角按钮，在弹出快捷菜单中选择"重新启动"选项，如图2-1所示。

图2-1　重新启动计算机

（3）当使用计算机时遇到系统突然没有响应，如鼠标不能移动，键盘不能输入等情况，可以通过复位来实现重新启动，方法是按下主机箱上的 Reset 按钮，如果是笔记本电脑则可通过长按电源按钮关机后再启动。

由于程序没有响应或系统运行时出现异常，导致所有操作不能进行，这种情况称为死机。死机时应首先进行热启动，若不行再进行复位启动，如果复位启动还是不行，就只能按住电源键10秒进行强制关机，然后进行冷启动。

步骤2：注销和关闭计算机

（1）注销：单击桌面左下角的 Windows 图标，在弹出的"开始"菜单中单击"关机"按钮旁的下三角按钮，在弹出的快捷菜单中选择"注销"选项，如图2-2所示。

图2-2　注销

图 2-2 中快捷菜单的 6 个选项的含义如下：

（1）切换用户：不会关掉之前用户所开的程序，切换过去后再切换回来仍然可以继续工作，就是切换之前打开的所有应用程序都正常运行。

（2）注销：指的是关掉所有应用程序，不会保存之前所打开的应用程序，就像重新进入开机状态的用户。

（3）锁定：帮助用户锁定计算机不被其他人操作。

（4）重新启动：首先会退出 Windows 7 操作系统，然后重新启动计算机。

（5）睡眠：首先退出 Windows 7 操作系统，进行"睡眠"状态，此时除部分控制电路工作外，其他电源自动关闭，从而使计算机进入低功耗状态，要使计算机恢复原来的工作状态，移动或单击鼠标或在键盘上按任意键即可。

（6）休眠：休眠是一种主要为便携式计算机设计的电源节能状态。使用休眠模式，并确信在回来时所有工作（包括没来得及保存或关闭的程序和文档）都会完全精确地还原到离开时的状态。

（2）关闭计算机：首先检查一下系统是否还有未执行完的任务或尚未保存的文档，如果有，首先关闭正在执行的任务，并保存好文档，然后关闭计算机。关机时尽量要先关闭主机电源，再关闭显示器等其他外部设备的电源。

2.1.2　安装 Windows 7 操作系统

（1）计算机重启后，插入安装光盘，进入 Windows 7 的安装界面，如图 2-3 所示。点击"下一步"，在出现的界面中，单击"现在安装"按钮，如图 2-4 所示。

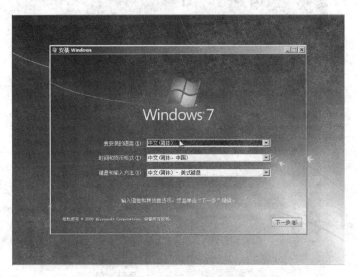

图 2-3　安装 Windows 7

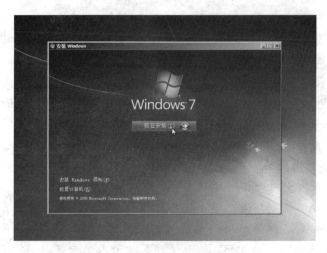

图 2-4　点击"现在安装"按钮

（2）确认接受许可条款，点击"下一步"继续，如图 2-5 所示。

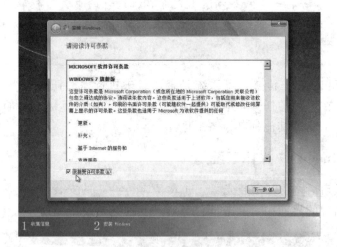

图 2-5　安装协议界面

（3）选择安装类型，如图 2-6 所示。

图 2-6　选择安装类型

　　（4）选择安装方式后，需要选择安装位置。默认将安装 Windows 7 安装在第一个分区（如果磁盘未进行分区，则安装前要先对磁盘进行分区），点击"下一步"继续，如图 2-7 所示。

图 2-7　选择安装路径

（5）开始安装 Windows 7，如图 2-8 所示。

图 2-8　正在安装 Windows 7

　　（6）计算机重启数次，完成所有安装操作后进入 Windows 7 的设置界面，设置用户名和计算机名称，如图 2-9 所示。

图 2-9　设置用户和计算机名

(7) 为您的 Windows 7 设置密码，如图 2-10 所示。

图 2-10　设置 windows 7 密码

(8) 输入产品密钥，如图 2-11 所示。

图 2-11　输入产品密钥

(9) 选择"帮助自动保护计算机以及提高 Windows 的性能"选项，如图 2-12 所示。

图 2-12　设置 Windows 的更新选项

（10）进行时区、时间、日期设定，如图 2 - 13 所示。

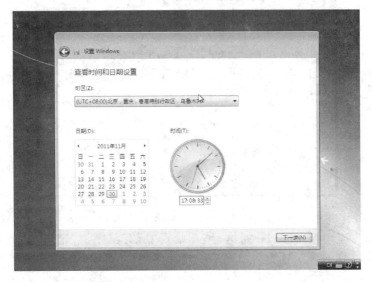

图 2 - 13　进行时间设置

（11）等待 Windows 完成设置，完成安装后，首次登录 Windows 7 的界面如图 2 - 14 所示。

图 2 - 14　首次登录 windows 7 界面

2.1.3　熟悉 Windows 7 窗口操作

Windows 7 绝大多数功能都是以窗口为载体的，因此用户在操作过程中会频繁进行窗口最大化、还原和最小化操作。下面讲解一下 Windows 7 中非常实用的窗口操作。

1. 认识 Windows 7 窗口

Windows 7 中的窗口分为两种，一种是文件夹窗口，如"计算机"窗口，这类窗口显示的是文件夹和文件，如图 2 - 15 所示。

图 2-15　"计算机"窗口

另一种窗口为应用程序窗口，如执行"开始"|"所有程序"|"记事本"命令，打开"记事本"窗口，如图 2-16 所示，这类窗口属于应用程序窗口。

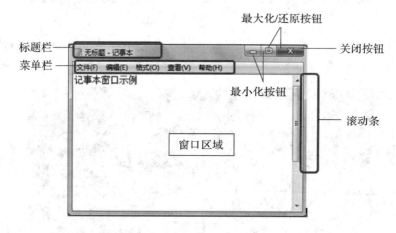

图 2-16　应用程序窗口示例

应用程序窗口的组成部分及其作用如下：

• 标题栏：用于显示窗口的名称，如果用户在桌面上打开多个窗口，其中一个窗口的标题栏会处于亮显状态，为当前活动窗口，在标题栏上单击可拖动窗口。

• 最小化按钮、最大化/还原按钮、关闭按钮：可以根据需要隐藏窗口、放大或还原窗口、关闭窗口。

• 菜单栏：用于显示应用程序的菜单项，单击每一个菜单项可以打开相应的菜单，从中可以选择需要的命令。

• 窗口区域：用于显示窗口中的内容。

• 滚动条：当窗口区域内容较多时，用户只能看到其中的部分内容，要想查看其他部分内容，可拖动滚动条。

2. Windows 7 窗口的操作

（1）打开窗口。单击图标后按 Enter 键即可打开窗口，也可双击程序图标打开窗口。

（2）最大化、最小化及还原窗口。最大化窗口是指将窗口设为整个屏幕的大小，从而方便操作，其方法是单击窗口右上角的最大化按钮；最小化窗口是指将打开的窗口以按钮的形式缩放到任务栏的任务按钮区中，即不让它们显示在屏幕中，其方法是单击窗口标题栏右上角的最小化按钮　；还原窗口是指将窗口恢复到操作前的状态，主要包括下面两种情况：

- 当窗口最大化后，最大化按钮　将变成还原按钮　，可将最大化窗口还原为原始大小。
- 当窗口最小化到任务栏后，在任务按钮区中单击相应任务按钮，即可将其还原。

（3）缩放窗口。窗口处于非最大化或最小化的状态时，可通过将鼠标指针移动到窗口的四边或四个角，当指针变成双向箭头时进行拖动来缩放窗口。

（4）移动窗口。当窗口处于非最大化状态时，将鼠标指针移动到该窗口的标题栏上，按住鼠标左键不放拖动至适当位置释放鼠标，即可完成移动操作。

（5）切换窗口。按住 Alt 键然后单击 Tab 键即可查看目前打开的所有窗口，如图 2-17 所示，单击 Tab 键可以在窗口间循环切换，当显示出需要的窗口时，释放 Tab 键即可实现对窗口的切换。

图 2-17　窗口列表

（6）排列窗口。当打开多个窗口后，为了便于操作和管理，可将这些窗口进行层叠、堆叠和并排等排列，方法是在任务栏按钮区的空白位置右击，在弹出的快捷菜单中选择相应的窗口命令即可将窗口排列为所需的样式，如图 2-18 所示。

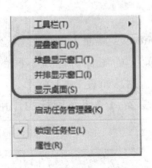

图 2-18　窗口排列方式

- 层叠窗口：当在桌面中打开多个窗口并需在窗口间来回切换时，可以层叠方式排列窗口。
- 堆叠显示窗口：是指以横向的方式同时在屏幕上显示所有窗口，所有窗口互不重叠。
- 并排显示窗口：是以垂直的方式同时在屏幕上显示所有窗口，窗口间互不重叠。

（7）关闭窗口。使用完某个窗口后，单击关闭按钮即可关闭窗口，也可使用快捷键 Alt+F4 关闭窗口。

2.2　Windows 7 基本操作

计算机中安装了 Windows 7 操作系统以后，只要接通电源，按下机箱的 Power 按钮，稍等片刻便可以进入 Windows 7 中文版工作环境。如果是第一次登录 Windows 7 系统，看到的是一个非常简洁的桌面，只有一个回收站图标，如图 2-19 所示。

这样的桌面看起来很整洁干净，但使用起来并不方便，所以我们希望把经常使用的图标放到桌面上。这时可以在桌面的空白处单击鼠标右键，从弹出的快捷菜单中选择"个性化"命令，在打开的窗口左侧单击"更改桌面图标"选项，则弹出"桌面图标设置"对话框，选择自己经常使用的图标，如图 2-20 所示，单击 确定 按钮，这样，经常使用的图标就出现在桌面上了，这些图标称为桌面元素。

图 2-19　Window7 桌面

图 2-20　"桌面图标设置"对话框

2.2.1　认识桌面图标

当安装了应用程序以后，Windows 桌面上的图标就会多起来，总体上分为系统图标与快捷方式图标。不同的计算机桌面上的图标可能是不同的，但是系统图标都是相同的，下面以列表的形式对各个图标进行介绍，如表 2-1 所示。

表 2-1　系统图标的作用

图　标	作　用
Administr...	Administrator 类似于以前的"我的文档"，但是功能更丰富，它是一个用户的账户，通过它可以查看或管理个人文档，如文档、图片、音乐、视频、下载的文件等
计算机	任何一台计算机上都有"计算机"图标，双击它可以打开资源管理器，从而查看并管理相关的计算机资源，如打印机、驱动器、网络连接、共享文档以及控制面板等

图　标	作　用
网络	如果计算机已经接入了局域网，双击该图标，在打开的窗口中可以看到网络中的可用资源，包括所能访问的服务器
回收站	回收站用于暂时存放被删除的文件。在真正删除文件之前，可以用于恢复被删除的文件。回收站最大的作用在于：如果用户由于误操作不慎删除了某些文件，可以将它及时地恢复回来
Internet Explorer	安装了 IE 浏览器以后就会出现该图标。双击 Internet Explorer 图标可以启动 IE 浏览器，通过它访问 Internet 资源，并且可以设置浏览器的相关参数

除了上面介绍的系统图标以外，在桌面上还有一些图标，其左下角有一个箭头，这一类图标称为快捷方式图标。不同计算机桌面上的快捷方式图标是不同的。快捷方式图标记录了它所指向的对象路径，可以说它是一个指针，直接指向相应的文件或对象。

2.2.2　"开始"菜单与任务栏

桌面最下方的矩形条称为"任务栏"，它是桌面的重要组成部分，用于显示正在运行的应用程序或打开的窗口。任务栏的左侧是一个大圆按钮，称为"开始"按钮，单击它将弹出"开始"菜单。

1."开始"菜单

"开始"菜单是我们执行任务的一个标准入口，一条重要通道，通过它可以打开文档、启动应用程序、关闭系统、搜索文件等。单击"开始"按钮或者按下键盘中的 Win 键，可以打开"开始"菜单，如图 2-21 所示。

"开始"菜单分为四个基本部分：

（1）左边的大窗格显示计算机上程序的一个短列表，这个短列表中的内容会随着时间的推移有所变化，其中使用比较频繁的程序将出现在这个列表中。

（2）左边窗格下方的"所有程序"比较特殊，单击它会改变左边窗格的内容，显示计算机中安装的所有程序，同时"所有程序"变成"返回"，如图 2-22 所示。

（3）左边窗格的最底部是搜索框，通过输入搜索项可以在计算机中查找安装的程序或所需要的文件。

（4）右边窗格提供了对常用文件夹、文件、设置和功能的访问，还可以注销 Windows 或关闭计算机。

图 2-21 "开始"菜单

图 2-22 单击"所有程序"后的菜单

"开始"菜单的含义在于它通常用于启动或打开某项内容，是打开计算机程序、文件或设置的门户，具体功能描述如下：

❖ 启动程序：通过"开始"菜单中的"所有程序"命令，可以启动安装在计算机中的所有应用程序。

❖ 打开窗口：通过"开始"菜单可以打开常用的工作窗口，如"计算机"、"文档"和"图片"等。

❖ 搜索功能：通过"开始"菜单中的搜索框，可以对计算机中的文件、文件夹或应用程序进行搜索。

❖ 管理计算机：通过"开始"菜单中的控制面板、管理工具、实用程序可以对计算机进行设置与维护，如个性化设置、备份、整理碎片等。

❖ 关机功能：计算机关机必须通过"开始"菜单进行操作，另外，还可以重启、待机、注销用户等。

❖ 帮助信息：通过"开始"菜单可以获取相关的帮助信息。

2. 任务栏

顾名思义，任务栏就是用于执行或显示任务的"专栏"，它是一个矩形条，左侧是"快速启动栏"，中间是任务栏主体部分，右侧是"系统区域"，如图 2-23 所示。

图 2-23 任务栏

（1）最左侧是快速启动栏，其中提供了若干应用程序图标，单击某程序图标，可以快速启动相应的程序。如果要将一个经常使用的应用程序图标添加到快速启动栏中，可以在桌面上拖动快捷方式图标到快速启动栏上，当出现一条"竖直的线"时释放鼠标即可。

（2）任务栏的中间是主体部分，显示了正在执行的任务。当不打开窗口或程序时，它是一个蓝色条。如果打开了窗口或程序，任务栏的主体部分将出现一个个按钮，分别代表已打开的不同窗口或程序，单击这些按钮，可以在打开的窗口之间切换。

（3）任务栏的最右侧是"系统区域"，这里显示了系统时间、声音控制图标、网络连接状态图标等，另外一些应用程序最小化以后，其图标也会出现在这个位置上。

2.2.3　桌面图标的管理

桌面上的图标并不是固定不变的，可以进行添加、删除、设置大图标显示等，本节主要介绍桌面图标的基本管理，如图标的排列、任务栏的设置等。

1. 排列桌面图标

当桌面上的图标太多时，往往会产生凌乱的感觉，这时需要对它进行重新排列，但是在 Windows 7 中排列图标的命令被放置在两个命令中。首先介绍"排列方式"命令。

（1）在桌面上的空白位置处单击鼠标右键。

（2）在弹出的快捷菜单中指向"排列方式"命令，则弹出下一级子菜单，如图 2 - 24 所示。

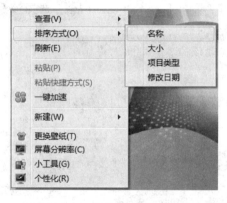

图 2 - 24　"排列方式"子菜单

（3）在子菜单中选择相应的命令，可以按照所选的方式重新排列图标。一共有四种排列方式：

❖ "名称"：选择该命令，将按桌面图标名称的字母顺序排列图标。

❖ "大小"：选择该命令，将按文件大小顺序排列图标。如果图标是某个程序的快捷方式图标，则文件大小指的是快捷方式文件的大小。

❖ "项目类型"：选择该命令，将按桌面图标的类型顺序排列图标。例如，桌面上有几个 Photoshop 图标，它们将排列在一起。

❖ "修改日期"：选择该命令，将按快捷方式图标最后的修改时间排列图标。

2. 查看桌面图标

桌面图标的大小是可以改变的，并且可以控制显示与隐藏。在"查看"命令的子菜单中提供了三组命令，最上方的三个命令用于更改桌面图标的大小，中间的两个命令用于控制图标的排列。

（1）在桌面的空白位置处单击鼠标右键。

（2）在弹出的快捷菜单中指向"查看"命令，则弹出下一级子菜单，如图 2 - 25 所示。

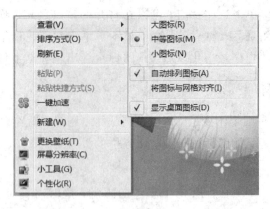

图 2 - 25　"查看"子菜单

（3）根据需要选择相应的子菜单命令即可。

❖ "大图标"、"中等图标"、"小图标"：选择这几个命令，可以更改桌面图标的大小。

❖ "自动排列图标"：选择该命令，图标将自动从左向右以列的形式排列。

❖ "将图标与网格对齐"：屏幕上有不可视的网格，选择该命令，可以将图标固定在指定的网格位置上，使图标相互对齐。

❖ "显示桌面图标"：选择该命令，桌面上将显示图标，否则看不到桌面图标。

3. 调整任务栏的大小

默认情况下，任务栏是被锁定的，即不可以随意调整任务栏。但是，取消任务栏的锁定之后，用户可以对任务栏进行适当的调整，例如，可以改变任务栏的高度，具体操作步骤如下：

（1）在任务栏的空白位置处单击鼠标右键，在弹出的快捷菜单中选择"锁定任务栏"命令，取消锁定状态，如图 2 - 26 所示。

（2）将光标指向任务栏的上方，当光标变为 ↕ 形状时向上拖动鼠标，可以拉高任务栏，如图 2 - 27 所示。

（3）如果任务栏过高，可以再次将光标指向任务栏的上方，当光标变为 ↕ 形状时向下拖动鼠标，将任务栏压低，如图 2 - 28 所示。

图 2 - 26　取消锁定状态　　　　图 2 - 27　拉高任务栏　　　　图 2 - 28　压低任务栏

2.2.4　窗口的操作

Windows 即"窗口"的意思，该操作系统就是以窗口的形式来管理计算机资源的，窗口作为 Windows 的重要组成部分，构成了我们与 Windows 之间的桥梁。因此，认识并掌握窗口的基本操作是使用 Windows 操作系统的基础。

1. 窗口的组成

不同程序的窗口有不同的布局和功能，下面以最常见的"计算机"窗口为例，介绍其各组成部分。"计算机"窗口主要由地址栏、菜单栏、列表区、信息栏、滚动条、窗口边框及工作区等部分组成。

在桌面上双击"计算机"图标，可以打开"计算机"窗口，这是一个典型的 Windows 7 窗口，构成窗口的各部分如图 2-29 所示。

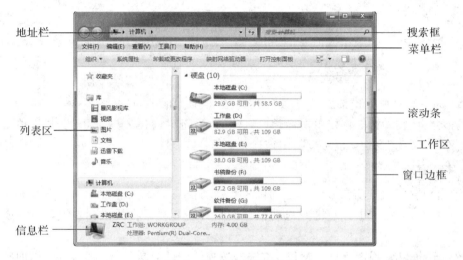

图 2-29　"计算机"窗口

❖ 地址栏：用于显示当前所处的路径，采用了叫做"面包屑"的导航功能，如果要复制当前地址，只要在地址栏空白处单击鼠标，即可让地址栏以传统的方式显示。地址栏左侧为"前进"按钮和"后退"按钮，右侧为"刷新"按钮。

❖ 搜索框：用于搜索计算机和网络中的信息，并不是所有的窗口都有搜索框。搜索框的上方为控制按钮，分别是最小化按钮、最大化/还原按钮、关闭按钮。

❖ 菜单栏：位于地址栏的下方，通常由"文件"、"编辑"、"查看"、"工具"和"帮助"等菜单项组成。每一个菜单项均包含了一系列的菜单命令，单击菜单命令可以执行相应的操作或任务。

❖ 列表区：左侧的列表区将整个计算机资源划分为四大类：收藏夹、库、计算机和网络，可以更好地组织、管理及应用资源，使操作更高效。比如在收藏夹下"最近访问的位置"中可以查看到最近打开过的文件和系统功能，方便我们再次使用。

❖ 工作区：这是窗口最主要的部分，用来显示窗口的内容可以通过这里操作计算机，如查找、移动、复制文件等。

❖ 信息栏：位于窗口的底部，用来显示该窗口的状态。例如，选择了部分文件时，信息栏中将显示选择的文件个数、修改日期等。

❖ 滚动条：分为垂直滚动条和水平滚动条，当窗口太小以至于不能完全显示所有内容时才会出现滚动条。拖动滚动条上的滑块可以浏览工作区内不能显示的其他区域。

❖ 窗口边框：即窗口的边界，它是用于改变窗口大小的主要工具。

2. 最小化、最大化／还原与关闭窗口

在每个窗口的右上角都有三个窗口控制按钮，其中，单击"最小化"按钮 ▭ ，如图 2-30所示，窗口将化为一个按钮停放在任务栏上；单击"最大化"按钮 ▢ ，如图 2-31 所示，可以使窗口充满整个 Windows 桌面，处于最大化状态，这时"最大化"按钮变成了"还原"按钮 ▣ ，单击"还原"按钮 ▣ ，如图 2-32 所示，窗口又恢复到原来的大小。

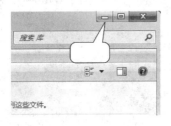 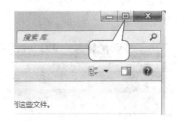 

图 2-30　单击"最小化"按钮　　图 2-31　单击"最大化"按钮　　图 2-32　单击"还原"按钮

当需要关闭窗口时，直接单击标题栏右侧的"关闭"按钮 ✕ 即可。另外，单击菜单栏中的"文件"/"关闭"命令，也可以关闭窗口。

3. 移动窗口

移动窗口就是改变窗口在屏幕上的位置，移动窗口的方法非常简单，将光标移到地址栏上方的空白处，按住鼠标左键并拖动鼠标到目标位置处，释放鼠标左键，即完成窗口的移动。

另外，还可以使用键盘移动窗口，方法是按住 Alt 键的同时敲击空格键，这时将打开控制菜单，再按下 M 键（即 Move 的第一个字母），然后按下键盘上的方向键移动窗口，当到达目标位置后，按下回车键即可。

4. 调整窗口大小

当窗口处于非最大化状态时，可以改变窗口的大小。将光标移到窗口边框上或者右下角上，当光标变成双向箭头时按住鼠标左键拖动鼠标，就可以改变窗口的大小，如图 2-33 所示。

图 2-33　改变窗口大小时的三种状态

2.2.5　认识对话框

在 Windows 操作系统中，对话框是一个非常重要的概念，它是用户更改参数设置与提交信息的特殊窗口，在进行程序操作、系统设置、文件编辑时都会用到对话框。

1. 对话框与窗口的区别

一般情况下，对话框中包括以下组件：标题栏、要求用户输入信息或设置的选项、命令按钮，如图 2 - 34 所示。

图 2 - 34　对话框的组成

初学者一定要将对话框与窗口区分开，这是两个完全不同的概念，它们虽然有很多相同之处，但是区别也是明显的。

一是作用不同。窗口用于操作文件，而对话框用于设置参数。

二是概念的外延不同。从某种意义来说，窗口包含对话框，也就是说，在窗口环境下通过执行某些命令，可以打开对话框；反之则不可以。

三是外观不同。窗口没有"确定"或"取消"按钮，而对话框有这两个按钮。

四是操作不同。窗口可以最小化、最大化/还原操作，也可以调整大小，而对话框一般是固定大小，不能改变。

2. 对话框的组成

构成对话框的组件比较多，但是，并不是每一个对话框中必须都包含这些组件，一个对话框可能只用到几个组件。常见的组件有选项卡、单选按钮、复选框、文本框、下拉列表、列表、数值框与滑块等，下面我们逐一介绍各个组件。

（1）选项卡。选项卡也叫标签，当一个对话框中的内容比较多时，往往会以选项卡的形式进行分类，在不同的选项卡中提供相应的选项。一般地，选项卡都位于标题栏的下方，单击就可以进行切换，如图 2 - 35 所示。

（2）单选按钮。单选按钮是一组相互排斥的选项，在一组单选按钮中，任何时刻只能选择其中的一个，被选中的单选按钮内有一个圆点，未被选中的单选按钮内无圆点，它的特点是"多选一"，如图 2 - 36 所示。

图 2-35　选项卡

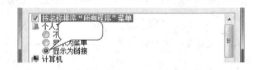

图 2-36　单选按钮

（3）复选框。复选框之间没有约束关系，在一组复选框中，可以同时选中一个或多个。它是一个小方框，被选中的复选框中有一个对勾，未被选中的复选框中没有对勾，它的特点是"多选多"，如图 2-37 所示。

（4）文本框。文本框是一个矩形方框，它的作用是允许用户输入文本内容，如图 2-38 所示。

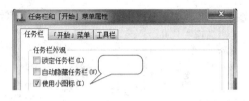

图 2-37　复选框

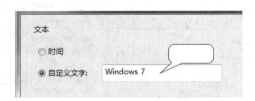

图 2-38　文本框

（5）下拉列表。下拉列表是一个矩形框，显示当前的选定项，但是其右侧有一个小三角形按钮，单击它可以打开一个下拉列表，其中有很多可供选择的选项。如果选项太多，不能一次显示出来，将出现滚动条，如图 2-39 所示。

（6）列表。与下拉列表不同，列表直接列出所有选项供用户选择，如果选项较多，列表的右侧会出现滚动条。通常情况下，一个列表中只能选择一个选项，选中的选项以深色显示，如图 2-40 所示。

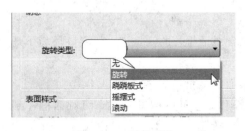

图 2-39　下拉列表

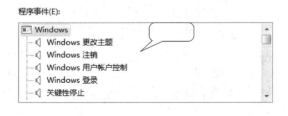

图 2-40　列表

（7）数值框。数值框实际上是由一个文本框加上一个增减按钮构成的，所以可以直接输入数值，也可以通过单击增减按钮的上下箭头改变数值，如图 2-41 所示。

（8）滑块。滑块在对话框中出现的几率不多，它由一个标尺与一个滑块共同组成的，拖动它可以改变数值或等级，如图 2-42 所示。

图 2-41　数值框

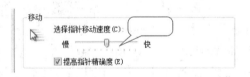

图 2-42　滑块

2.2.6　关于菜单

Windows 操作系统中的"菜单"是指一组操作命令的集合，它是用来实现人机交互的主要形式，通过菜单命令，用户可以向计算机下达各种命令。在前面我们介绍过"开始"菜单，实际上 Windows 7 中有四种类型的菜单，分别是："开始"菜单、标准菜单、快捷菜单与控制菜单。

1. "开始"菜单

前面我们已经对"开始"菜单进行了详细介绍，它是 Windows 操作系统特有的菜单，主要用于启动应用程序、获取帮助和支持、关闭计算机等操作。

2. 标准菜单

标准菜单是指菜单栏上的下拉菜单，它往往位于窗口标题栏的下方，集合了当前程序的特定命令。程序不同，其对应的菜单也不同。单击菜单栏的菜单名称，可以打开一个下拉式菜单，其中包括了许多菜单命令，用于相关操作。图 2-43 是"计算机"窗口的标准菜单。

3. 快捷菜单

在 Windows 操作环境下，任何情况下单击鼠标右键，都会弹出一个菜单，这个菜单称为"快捷菜单"。实际上，我们在学习前面的内容时已经接触到了"快捷菜单"。

快捷菜单是智能化的，它包含了一些用来操作该对象的快捷命令。在不同的对象上单击鼠标右键，弹出的快捷菜单中的命令是不同的，图 2-44 是在桌面上单击鼠标右键时出现的快捷菜单。

图 2-43　标准菜单

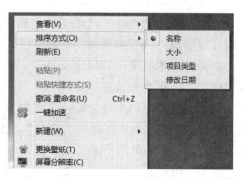

图 2-44　在桌面上单击右键时的快捷菜单

4. 控制菜单

在任何一个窗口地址栏的上方单击鼠标右键，都可以弹出一个菜单，这个菜单称为"控制菜单"，其中包括移动、大小、最大化、最小化、还原和关闭等命令，如图 2-45 所示。在使用键盘操作 Windows 7 时，控制菜单非常有用。

另外，在窗口的地址栏上单击鼠标右键，也可以弹出一个菜单。该菜单中的命令是对地址的相关操作，如图 2-46 所示。

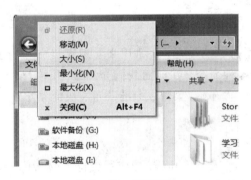
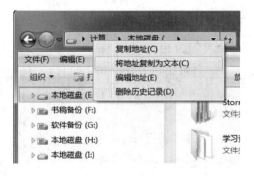

图 2-45　控制菜单　　　　　　　　　图 2-46　在窗口图标上单击右键

2.3　文件管理与磁盘维护

如果把一台计算机比作一个房间，那么文件就相当于房间中的物品。随着时间的推移，物品会越来越多，如果不善于管理，房间就会凌乱不堪。同样，计算机也是如此，当文件越来越多时，如果管理不善，就会造成工作效率降低，甚至影响计算机的运行速度。所以，一定要会管理自己的计算机。

2.3.1　认识文件与文件夹

文件与文件夹是 Windows 操作系统中的两个概念，首先要理解它们，这样才有利于管理计算机。

1. 什么是文件

文件是指存储在计算机中的一组相关数据的集合。这里可以这样理解：计算机中出现的所有数据都可以称为文件，例如程序、文档、图片、动画、电影等。

文件分为系统文件和用户文件，一般情况下，操作者不能修改系统文件的内容，但可以根据需要创建或修改用户文件。

为了区别不同的文件，每一个文件都有唯一的标识，称为文件名。文件名由名称和扩展名两部分组成，两者之间用分隔符“.”分开，即“名称.扩展名”，例如“课程表.doc”，其中“课程表”为名称，由用户定义，代表了一个文件的实体；而“.doc”为扩展名，由计算机系统自动创建，代表了一种文件类型。

一般情况下，一个文件(用户文件)名称可以任意修改，但扩展名不可修改。在命名文件时，文件名要尽可能精炼达意。在 Windows 操作系统下命名文件时，要注意以下几项：

❖ Windows 7 支持长文件名，最长可达 256 个有效字符，不区分大小写。

❖ 文件名称中可以有多个分隔符“.”，以最后一个作为扩展名的分隔符。

❖ 文件名称中除开头以外的任何位置都可以有空格。

❖ 文件名称的有效字符包括汉字、数字、英文字母及各种特殊符号等，但文件名中不允许有/、?、\、*、"、＜、＞等。

❖ 在同一位置的文件不允许重名。

2. 什么是文件夹

文件夹是用来组织和管理磁盘文件的一种数据结构，一个文件夹中可以包含若干个文件和子文件夹，也可以包含打印机、字体以及回收站中的内容等资源。

文件夹的命名与文件的命名规则相同，但是文件夹通常没有扩展名，其名字最好是易于记忆、便于组织管理的名称，这样有利于查找文件。

对文件夹进行操作时，如果没有指明文件夹，则所操作的文件夹称为当前文件夹。当前文件夹是系统默认的操作对象。

3. 文件的路径

由于文件夹与文件、文件夹与文件夹之间是包含与被包含的关系，这样一层一层地包含下去，就形成了一个树状的结构。我们把这种结构称为"文件夹树"，这是一种非常形象的叫法，其中"树根"就是计算机中的磁盘，"树枝"就是各级子文件夹，而"树叶"就是文件，如图 2 - 47 所示。

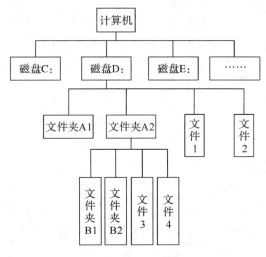

图 2 - 47　文件夹树结构

从树根出发到任何一个树叶有且仅有一条通道，这条通道就是路径。路径用于指定文件在文件夹树中的位置。例如，对于计算机中的"文件 3"，我们应该指出它位于哪一个磁盘驱动器下，哪一个文件夹下，甚至哪一个子文件夹下，一直到指向最终包含该文件的文件夹，这一系列的驱动器号和文件夹名就构成了文件的路径。

计算机中的路径以反斜杠"\"表示，例如，有一个名称为"photo. jpg"的文件，位于 C 盘的"图像"文件夹下的"照片"子文件夹中，那么它的路径就可以写为"C：\图像\照片\photo. jpg"。

2.3.2　文件与文件夹的管理

随着计算机使用时间的推移，文件会越来越多，有系统自动产生的、也有用户创建的，所以必须有效地管理好这些文件。主要采用新建、删除、移动、复制、重命名等操作对文件进行有选择地取舍，有秩序地存放。

1. 新建文件夹

文件夹的作用就是存放文件，可以对文件进行分类管理。在 Windows 操作系统下，用户可以根据需要自由创建文件夹，具体操作方法如下：

（1）打开"计算机"窗口。

（2）在列表区窗格中选择要在其中创建新文件夹的磁盘或文件夹。

（3）单击菜单栏中的"文件"/"新建"/"文件夹"命令，即可在指定位置创建一个新的文件夹。

（4）创建了新的文件夹后，可以直接输入文件夹名称，按下回车键或在名称以外的位置处单击鼠标，即可确认该文件夹的名称。

> 　　还有另外两种创建文件夹的方法：一是打开"计算机"窗口，在工作区窗格中的空白位置处单击鼠标右键，从弹出的快捷菜单中选择"新建"/"文件夹"命令；二是在菜单栏的下方单击 新建文件夹(N) 按钮，可以快速创建一个文件夹。

2. 重命名文件与文件夹

管理文件与文件夹时，应该根据其内容进行命名，这样可以通过名称判断文件的内容。如果需要更改已有文件或文件夹的名称，可以按照如下步骤进行操作：

（1）选择要更改名称的文件或文件夹。

（2）使用下列方法之一激活文件或文件夹的名称。

❖ 单击文件或文件夹的名称。

❖ 单击菜单栏中的"文件"/"重命名"命令。

❖ 在文件或文件夹名称上单击鼠标右键，从弹出的快捷菜单中选择"重命名"命令。

❖ 按下 F2 键。

（3）输入新的名称，然后按下回车键确认。输入新名称时，扩展名不要随意更改，否则会影响文件的类型，导致打不开文件。

> 　　用户可以对文件或文件夹进行批量重命名：选择多个要重命名的文件或文件夹，在所选对象上单击鼠标右键，从弹出的快捷菜单中选择"重命名"命令，输入新名称后按下回车键，则使用输入的新名称按顺序命名。

3. 选择文件与文件夹

对文件与文件夹进行操作前必须先选择操作对象。如果要选择某个文件或文件夹，只需用鼠标在"计算机"窗口中单击该对象即可将其选择。

（1）选择多个相邻的文件或文件夹。要选择多个相邻的文件或文件夹，有两种方法可以实现。最简单的方法是直接使用鼠标进行框选，这时被鼠标框选的文件或文件夹将同时被选择，如图 2 - 48 所示。

图 2 - 48　框选文件或文件夹

　　另外，单击要选择的第一个文件或文件夹，然后再按住 Shift 键单击要选择的最后一个文件或文件夹，这时两者之间的所有文件或文件夹均被选择。

　　（2）选择多个不相邻的文件或文件夹。如果要选择多个不相邻的文件或文件夹，首先单击要选择的第一个文件或文件夹，然后按住 Ctrl 键分别单击其他要选择的文件或文件夹即可，如图 2 - 49 所示。

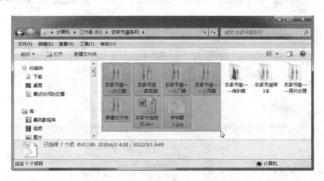

图 2 - 49　选择多个不相邻的文件或文件夹

　　如果不小心多选择了某个文件，可以按住 Ctrl 键的同时继续单击该文件，则可以取消选择。

　　（3）选择全部文件与文件夹。如果要在某个文件夹下选择全部的文件与子文件夹，可以单击菜单栏中的"编辑"/"全选"命令，或者按下 Ctrl＋A 键。

　　4．复制和移动文件与文件夹

　　在实际应用中，有时用户需要将某个文件或文件夹复制或移动到其他地方，以方便使用，这时就需要用到复制或移动操作。复制和移动操作基本相同，只不过两者完成的任务不同。复制是创建一个文件或文件夹的副本，原来的文件或文件夹仍存在；移动就是将文件或文件夹从原来的位置移走，放到一个新位置。

　　方法一：使用拖动的方法。

　　如果要使用鼠标拖动的方法复制或移动文件和文件夹，可以按照下述步骤操作：

　　（1）选择要复制或移动的文件与文件夹。

　　（2）将光标指向所选的文件与文件夹，如果要复制，则按住 Ctrl 键的同时向目标文件夹拖动鼠标到目标文件夹处，这时光标的右下角出现一个"＋"号和复制提示，如图 2 - 50 所示。

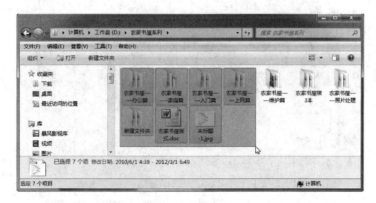

图 2-50　复制提示

（3）如果要移动，则直接按住鼠标左键向目标文件夹拖动鼠标，当光标移动到目标文件夹右侧时，则光标右下角出现移动提示，如图 2-51 所示。如果目标文件夹与移动的文件或文件夹不在同一个磁盘上，需要按住 Shift 键后再拖动鼠标。

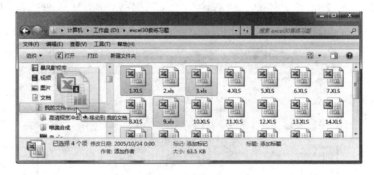

图 2-51　移动提示

（4）释放鼠标即可完成文件或文件夹的复制或移动操作。

方法二：使用"复制（剪切）"与"粘贴"命令。

如果要使用菜单命令复制或移动文件和文件夹，可以按照下述步骤操作：

（1）选择要复制或移动的文件和文件夹。

（2）单击菜单栏中的"编辑"/"复制（剪切）"命令，将所选的内容送至 Windows 剪贴板中。

（3）选择目标文件夹。

（4）单击菜单栏中的"编辑"/"粘贴"命令，则所选的内容将被复制或移动到目标文件夹中。

　　　使用菜单命令复制（或移动）文件和文件夹是最容易理解的操作。除此之外，也可以在快捷菜单中执行"复制"、"剪切"与"粘贴"命令，当然，还可以按下 Ctrl＋C（X）键和 Ctrl＋V 键。

方法三：使用"复制（移动）到文件夹"命令。

除了前面介绍的两种方法之外，用户还可以利用"编辑"/"复制（移动）到文件夹"命令复制或移动文件和文件夹，具体操作步骤如下：

（1）选择要复制或移动的文件和文件夹。

（2）单击菜单栏中的"编辑"/"复制（移动）到文件夹"命令，如图 2 - 52 所示。

（3）在弹出的"复制（移动）项目"对话框中选择目标文件夹，如图 2 - 53 所示。如果没有目标文件夹，也可以单击 新建文件夹(M) 按钮，创建一个新目标文件夹。

图 2 - 52　执行"复制到文件夹"命令　　　　　图 2 - 53　选择目标文件夹

（4）单击 复制(C) 按钮或 移动(M) 按钮，在弹出的"正在复制（移动）"消息框中显示了复制（移动）的进程与剩余时间，该消息框消失后即可完成复制或移动操作。

5. 删除文件与文件夹

经过长时间的工作，计算机中总会出现一些没用的文件，这样的文件多了，就会占据大量的磁盘空间，影响计算机的运行速度。因此，对于一些不再需要的文件或文件夹，需要将它们从磁盘中删除，以节省磁盘空间，提高计算机的运行速度。

删除文件或文件夹的操作步骤如下：

（1）选择要删除的文件或文件夹。

（2）按下 Delete 键，或者单击菜单栏中的"文件"/"删除"命令，则弹出"删除文件"对话框。

（3）单击 是(Y) 按钮，则将文件删除到回收站中。如果删除的是文件夹，则它所包含的子文件夹和文件将一并被删除。

　　　　值得注意的是，从 U 盘、可移动硬盘、网络服务器中删除的内容将直接被删除，回收站不接收这些文件。另外，当删除的内容超过回收站的容量或者回收站已满时，这些文件将直接被永久性删除。

6. 文件与文件夹的视图方式

文件和文件夹的视图方式是指在"计算机"窗口中显示文件和文件夹图标的方式。Windows 7 操作系统提供了"超大图标"、"大图标"、"列表"和"平铺"等多种视图方式。更改默认视图方式的操作步骤如下：

（1）打开"计算机"窗口。

（2）单击"查看"菜单，在打开的菜单中有一组操作视图方式的命令，选择相应的命令可以在各视图之间切换，如图 2－54 所示。

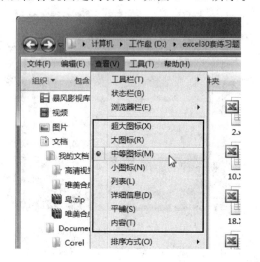

图 2-54 "查看"菜单　　　　　　　　图 2-55 选择不同的视图方式

除了上面介绍的基本方法以外，还可以通过以下两种方法更改文件和文件夹的视图方式。

❖ 在"计算机"窗口有一个"更改您的视图"按钮 ，单击该按钮，在打开的列表中可以选择不同的视图方式，如图 2－55 所示。

❖ 在窗口的工作区中单击鼠标右键，在弹出的快捷菜单中选择"查看"命令，在其子菜单中也可以选择需要的视图方式。

2.3.3 使用回收站

回收站可以看作是办公桌旁边的废纸篓，只不过它回收的是硬盘驱动器上的文件。只要没有清空回收站，我们就可以查看回收站中的内容，并且可以还原。但是一旦清空了回收站，其中的内容将永久性消失，不可以还原了。

1. 还原被删除的文件

如果要将已删除的文件或文件夹还原，可以按如下步骤操作：

（1）双击桌面上的回收站图标，打开"回收站"窗口，该窗口中显示了回收站中的所有内容。

（2）如果要全部还原，则不需要做任何选择，直接单击菜单栏下方的 还原所有项目 按钮即可，如图 2－56 所示。

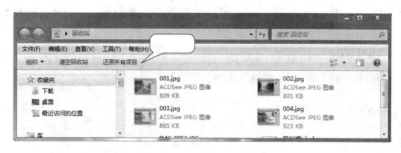

图 2-56　还原所有项目

（3）如果只需要还原一个或几个文件，则在"回收站"窗口中选择要还原的文件，然后单击菜单栏下方的 还原选定的项目 按钮，如图 2-57 所示。

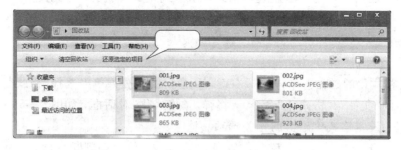

图 2-57　还原选定的文件

在回收站中，文件与文件夹的还原遵循"哪儿来哪儿去"的原则，即文件或文件夹原来是从哪个位置删除的，还原的时候还回到哪个位置去，除了上面介绍的方法，也可以选择"文件"菜单中的"还原"命令进行还原。

2. 清空回收站

当用户确认回收站中的某些或全部信息已经无用，可以将这些信息彻底删除。如果要清空整个回收站，可以按如下步骤操作：

（1）双击桌面上的回收站图标，打开"回收站"窗口。

（2）单击菜单栏中的"文件"/"清空回收站"命令，或者单击菜单栏下方的 清空回收站 按钮，如图 2-58 所示。

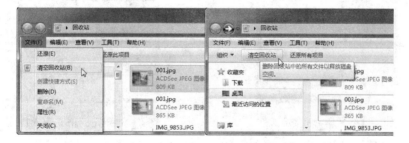

图 2-58　清空回收站的操作

（3）这时弹出一个提示信息框，要求用户进行确认，确认后即可清空回收站，将文件或文件夹彻底从硬盘中删除。

还有一种更快速的清空回收站的方法：直接在桌面上的回收站图标上单击鼠标右键，从弹出的快捷菜单中选择"清空回收站"命令。

2.3.4　磁盘维护

Windows 提供了很多简单易用的系统工具，这使得管理磁盘不再是一件困难的事。用户可以随时对磁盘进行相关的操作，使磁盘驱动器保持在最佳的工作状态。

1. 格式化磁盘

使用新磁盘之前都要先对磁盘进行格式化。格式化操作将为磁盘创建一个新的文件系统，包括引导记录、分区表以及文件分配表等，使得磁盘的空间能够被重新利用。格式化磁盘的步骤如下：

（1）打开"计算机"窗口。

（2）在要格式化的磁盘上单击鼠标右键，从弹出的快捷菜单中选择"格式化"命令（或者单击菜单栏中的"文件"/"格式化"命令），将弹出"格式化"对话框，如图 2－59 所示。

在对话框中设置格式化磁盘的相关选项。

❖ 容量：用于选择要格式化磁盘的容量，Windows 将自动判断容量。

❖ 文件系统：用于选择文件系统的类型，一般应为 NTFS 格式。

❖ 分配单元大小：用于指定磁盘分配单元的大小或簇的大小，推荐使用默认设置。

❖ 卷标：用于输入卷的名称，以便今后识别。卷标最多可以包含 11 个字符（包含空格）。

❖ 格式化选项：用于选择格式化磁盘的方式。

（4）单击 开始(S) 按钮，则开始格式化磁盘。当下方的进度条达到 100％时，表示完成格式化操作，如图 2－60 所示。

图 2－59　"格式化"对话框

图 2－60　完成格式化操作

步骤 5：单击 确定 按钮，然后关闭"格式化"对话框即可。

格式化操作是破坏性的，所以格式化磁盘之前，一定要对重要资料进行备份，没有十足的把握不要轻易格式化磁盘，特别是电脑中的硬盘。

2. 磁盘清理

Windows 在使用特定的文件时，会将这些文件保留在临时文件夹中；浏览网页的时候会下载很多临时文件；有些程序非法退出时也会产生临时文件。时间久了，磁盘空间就会被过度消耗。如果要释放磁盘空间，逐一去删除这些文件显然是不现实的，而磁盘清理程序可以有效解决这一问题。

磁盘清理程序可以帮助用户释放磁盘上的空间，该程序首先搜索驱动器，然后列出临时文件、Internet 缓存文件和可以完全删除的不需要的文件。具体使用方法如下：

（1）打开"开始"菜单，执行其中的"所有程序"/"附件"/"系统工具"/"磁盘清理"命令，打开"磁盘清理：驱动器选择"对话框，如图 2-61 所示。

（2）在"驱动器"下拉列表中选择要清理的驱动器，然后单击 确定 按钮，这时弹出"磁盘清理"提示框，提示正在计算所选磁盘上能够释放多少空间，如图 2-62 所示。

图 2-61　"驱动器选择"对话框　　　　　　　　图 2-62　"磁盘清理"提示框

（3）计算完成后，则弹出"＊＊＊的磁盘清理"对话框，告诉用户所选磁盘的计算结果，如图 2-63 所示。

（4）在"要删除的文件"列表中勾选要删除的文件，然后单击 确定 按钮，即可对所选驱动器进行清理，如图 2-64 所示。

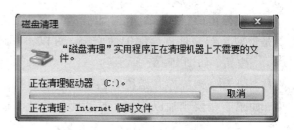

图 2-63　"＊＊＊的磁盘清理"对话框　　　　　　图 2-64　磁盘清理过程

3. 查看磁盘属性

有时我们需要查看磁盘的容量与剩余空间，甚至需要改变磁盘驱动器的名称。这时可以通过磁盘的"属性"对话框完成。具体操作步骤如下：

（1）打开"计算机"窗口。

（2）在要查看磁盘属性的驱动器图标上单击鼠标右键，从弹出的快捷菜单中选择"属性"命令，则弹出"属性"对话框，如图 2－65 所示。

（3）通过该对话框可以了解磁盘的总容量、空间使用情况、采用的文件系统等基本属性，也可以重新命名磁盘驱动器，还可以单击 磁盘清理(D) 按钮对磁盘进行清理。

（4）切换到"工具"选项卡，还可以对该磁盘进行查错、碎片整理、备份等操作，如图 2－66 所示。

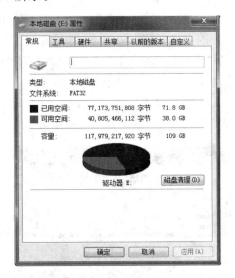

图 2－65　"属性"对话框　　　　　　　图 2－66　"工具"选项卡

4. 磁盘查错

当使用计算机一段时间以后，由于频繁地向硬盘上安装程序、删除程序，存入文件、删除文件等，可能会产生一些逻辑错误，这些逻辑错误会影响用户的正常使用，如报告磁盘空间不正确、数据无法正常读取等，利用 Windows 7 的磁盘查错功能可以有效地解决上述问题。具体操作方法如下：

（1）打开"计算机"窗口，在需要查错的磁盘上单击鼠标右键，从弹出的快捷菜单中选择"属性"命令。

（2）在打开的"属性"对话框中切换到"工具"选项卡，单击 开始检查(C)… 按钮。

（3）在弹出的"检查磁盘"对话框中有两个选项，其中，"自动修复文件系统错误"选项主要是针对系统文件进行保护性修复，可以不用管它，只选中下方的选项即可，然后单击 开始(S) 按钮，如图 2－67 所示。

（4）磁盘管理程序开始检查磁盘，这个过程不需要操作，等待一会儿将出现磁盘检查结果，如果有错误则加以修复；如果没有错误，单击 关闭(C) 按钮即可，如图 2－68 所示。

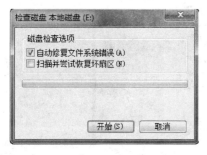

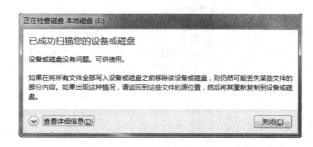

　　　图 2-67　设置检查选项　　　　　　　　　图 2-68　检查结果

　　磁盘检查程序实际上是磁盘的初级维护工具，建议用户定期(每一个月或两个月)检查磁盘。另外，如果觉得磁盘有问题，也要先运行磁盘检查程序进行检查。

5. 磁盘碎片整理

　　在使用计算机的过程中，由于经常对文件或文件夹进行移动、复制和删除等操作，在磁盘上会形成一些物理位置不连续的磁盘空间，即磁盘碎片。这样，由于文件不连续，所以会影响文件的存取速度。使用 Windows 7 系统提供的"磁盘碎片整理程序"，可以重新安排文件在磁盘中的存储位置，合并可用空间，从而提高程序的运行速度。整理磁盘碎片的具体操作步骤如下：

　　(1) 打开"开始"菜单，执行其中的"所有程序"/"附件"/"系统工具"/"磁盘碎片整理程序"命令，打开"磁盘碎片整理程序"对话框，如图 2-69 所示。

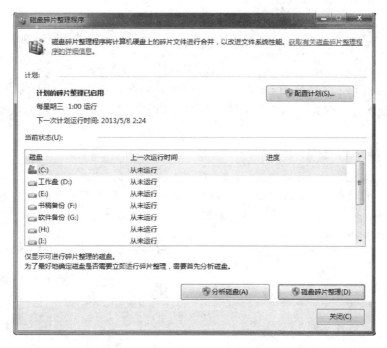

图 2-69　"磁盘碎片整理程序"对话框

　　(2) 在对话框下方的列表中选择要整理碎片的磁盘，单击 分析磁盘(A) 按钮，这时系统将对所选磁盘进行分析，并给出碎片的百分比，如图 2-70 所示。

图 2-70　碎片整理程序的分析建议

（3）用户可以根据分析结果决定是否进行碎片整理，例如要对 D 盘进行碎片整理，则选择 D 盘后单击 ◎ 磁盘碎片整理(D) 按钮，系统开始整理碎片，如图 2-71 所示。

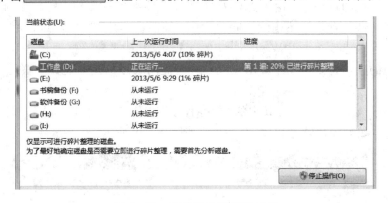

图 2-71　磁盘碎片整理的过程

（4）根据磁盘碎片的严重程度不同，不同分区碎片整理的时间不尽相同，与其他 Windows 系统相比，Windows 7 系统的碎片检查和整理速度都要快很多。

　　　需要注意的是，在整理磁盘碎片时应耐心等待，不要中途停止，最好关闭所有的应用程序，不要进行读、写操作，如果对整理的磁盘进行了读、写操作，磁盘碎片整理程序将重新开始整理。

习　　题

一、填空题

1.（　　　　　）是计算机所有软件的核心，（　　　　　）是计算机与用户的接口，负责管理所有计算机资源，协调和控制计算机的运行。

2. 为了区别不同的文件，每一个文件都有唯一的标识，称为文件名。文件名通常由名称和（　　　　　）两部分组成，两者之间用分隔符"."分开。

3．Windows 7 中有四种类型的菜单，分别是：（　　　　　）、标准菜单、（　　　　　）与控制菜单。

4．常见的 windows 文件中，文本文件的后缀名为（　　　　　），可执行程序的后缀名为。

5．回收站可以看作是办公桌旁边的废纸篓，只不过它回收的是（　　　　　）上的文件。只要没有清空回收站，我们就可以查看回收站中的内容，并且可以（　　　　　）。

6．Windows 7 的窗口主要由（　　　　　）、（　　　　　）、（　　　　　）、信息栏、滚动条、窗口边框及工作区等部分组成。

7．Windows 系统内置了很多中文输入法，（　　　　　）按键可以在输入法间循环切换。如果要快速切换中、英文输入法，可以按下（　　　　　）键。

8．磁盘格式化操作将为磁盘创建一个新的文件系统，包括（　　　　　）、（　　　　　）以及文件分配表等，使得磁盘的空间能够被重新利用。

二、简述题

1．如何按"项目类型"排列桌面图标？

2．怎样复制和移动文件与文件夹？

3．简述鼠标五种操作方式的操作要点。

4．如何更改桌面主题或背景？

5．Windows 7 中的计算器提供了哪几种类型？可以进行物理量的单位换算吗？

6．文件与文件夹有哪几种视图方式？

三、操作题

1．对桌面上的图标分别按"名称"、"中等图标"和"自动排列图标"进行重新排列，并适当调整任务栏的高度。

2．打开写字板，利用软键盘输入如下特殊字符。

$\times \geqslant \cong \sqrt{} \ ‰ \ ℃ \ £ \ ※ \ § \ ● \ ◇$

3．对计算机上的 C 驱动器进行清理，然后检查是否需要对计算机上的驱动器进行碎片整理。

4．创建一个新账户"大白"，并为该账户创建密码为"testing"。

5．在 C 盘上新建一个"声音"文件夹下，然后使用录音机程序录制一段声音，并保存到"声音"文件下，名称为"我的录音"。

1．熟悉文档的基本操作

（1）文字的录入，要求每分钟输入汉字不少于 20 个、英文不少于 80 个字符；

（2）文档的新建、打开、保存、另存为、关闭，文档类型、加密、文档权限管理等选项的使用；

（3）插入、改写、删除、撤销与恢复，选定及对选定对象的操作；查找和替换，特殊字符的输入，拼写与语法、自动更正、审核、字数统计。

2．熟悉文档的排版与格式设置

（1）字符设置：字体、字号、字型、颜色等设置；

（2）段落设置：缩进、行间距、段前段后、对齐方式等设置；

（3）分页、分栏、分节、页码设置，页眉与页脚的设置；

（4）格式刷的使用，项目符号、底纹与边框的设置；

（5）样式的使用，字数统计、修订等工具的使用；

（6）页面设置。

3．熟悉表格处理

（1）创建表格，编辑表格，调整表格；

（2）表格格式设置；

（3）表格内数据的计算；

（4）表格与文本的相互转换；

（5）表格排序与图表的生成。

4．掌握图文表混合排版

（1）剪贴画、艺术字、图片、文本框的操作；

（2）简单图形的绘制和组合；

（3）图文表混合排版。

5．掌握文档高级操作

（1）样式和模板；

（2）邮件合并；

（3）超级链接；

（4）插入脚注、尾注、题注、目录。

应用情景 ❈

　　与王浩同时新聘的小洁是行政专员。行政专员的岗位职责为：负责管理劳动合同，办理用工、退工手续，考勤结算，填写各类人事统计报表等。小洁需要经常使用 Word 处理各类文件，为了更好地完成工作，她决定加强对办公软件的学习，尽快熟悉文字处理软件的使用。

　　Word 2010 是微软公司 Office 系列办公组件之一，是目前世界上最流行的文字编辑软件之一。Word 2010 旨在提供最上乘的文档格式设置工具，利用它可更轻松、高效地组织和编写文档，并使这些文档唾手可得，无论何时何地，都可捕获灵感。

3.1　初识 Office 2010

3.1.1　Office 2010 介绍

　　在使用 Office 2010 前，首先要对其中的组件功能有所了解。认识和了解了其用途后，才能更好地将软件的功能应用到实际工作中。

1. Word 2010

　　Word 2010 是 Office 系列软件中重要的组成部件，它不仅功能强大，而且也是目前全世界用户最多、使用范围最广的文字编辑软件之一，它的主要功能包括文档的排版、表格的制作与处理、图形的制作与处理、页面设置和打印文档等，被广泛用于各种办公和日常事务处理中。

2. Excel 2010

　　Excel 是 Office 系列软件中专门用于电子表格处理的软件，Excel 的功能也很强大，可以制作表格、计算和管理数据、分析与预测数据，并且能制作多种样式的图标，另外还能实现网络共享。

3. PowerPoint 2010

　　PowerPoint 是 Office 系列软件的一个组件，主要用于制作动态幻灯片。在幻灯片中可以插入各种对象，如文本、图片、视频、音频等，还能通过动画功能将多个对象链接起来。幻灯片的动态效果，能更直观地将幻灯片中的对象形象生动地展示出来。

3.1.2　Office 2010 的新增功能

　　相对于以前的版本，Office 2010 针对不同的操作需求提供了很多新增功能，大大方便了办公应用，操作起来更得心应手。

1. 实时预览

　　在 Office 2010 中，当用户在选择实现某项功能之前，可以进行预览。例如在选择字号或者字体时，当鼠标移动到某种字号时，工作区中的字体就会瞬时改变，用户可以方便地看到所选择的效果。

2．保护视图

当打开从不安全位置获得的文件时，Office 2010 会自动进入保护视图，保护视图相当于沙箱，防止来自 Internet 和其他可能不安全位置的文件中可能包含的病毒和其他种类的恶意软件，对计算机可能构成的危害。在"受保护的视图"中，只能读取文件并检查其内容，不可进行编辑等操作，降低了可能发生的风险。

3．"导航"窗格

Office 2010 为用户提供了"导航"窗格，可用于浏览文档表题、文档页面和搜索文档内容，如图 3－1 所示。"导航"窗格中包括搜索文本框和三个选项卡，需要搜索长文档中的内容时，在搜索文本框中输入需要搜索的内容，系统会自动执行搜索操作。需要查看长文档标题或浏览长文档的具体内容时，在"导航"窗格中单击相应标签或标题即可。

图 3－1　"导航"窗格

4．新的 SmartArt 模板

SmartArt 是 Office 2007 引入的一个很有用的功能，可以轻松制作出精美的业务流程图，而 Office 2010 在现有类别下增加了大量新模板，还新添了数个新的类别。SmecrtArt 模板如图 3－2 所示。

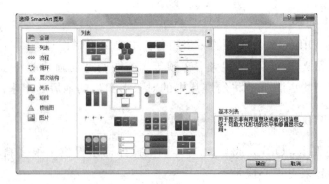

图 3－2　SmartArt 模板

5．屏幕截图功能

使用 Office 2010 提供的截图功能可以将当前的电脑屏幕画面插入到当前文档中。截图时可以截取全屏画面，也可以根据需要自定义截取范围。截取画面后，所截取的屏幕画面

将自动插入到当前文档中。

6. 作者许可（Author Permissions）

在线协作是 Office 2010 的重点努力方向，也符合当今办公趋势。Office 2010 里审阅标签下的保护文档现在变成了限制编辑（Restrict Editing），旁边还增加了阻止作者（Block Authors），如图 3 - 3 所示。

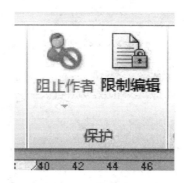

图 3 - 3　作者许可

7. 打印选项

打印部分此前只有寥寥三个选项，现在几乎成了一个控制面板，基本可以完成所有打印操作，如图 3 - 4 所示。

图 3 - 4　打印选项

此外，Word、Excel、PowerPoint 还各自有许多新的功能，如 Excel 迷你图、Excel 切片器、PowerPoint 视频编辑功能等，这里不再详细讲述。

3.1.3　Office 2010 组件的共性操作

Office 是具有办公功能的软件的集合，其中各个软件在应用类别和功能上有所不同，但其中很多操作方法都是相同的。下面以 Word 为例进行介绍，其他组件的操作基本相同。

1. 认识 Office 2010 工作界面

在学习使用 Office 软件之前，首先需要对其工作界面和工作视图有所了解。下面以 Word 2010 的工作界面（见图 3－5）为例，介绍工作界面的各组成部分及其作用。

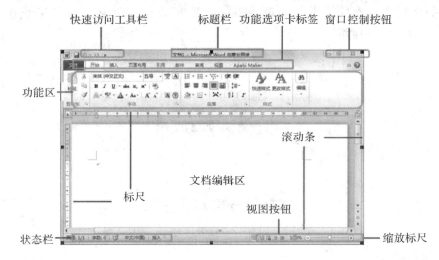

图 3－5　Word 工作界面

（1）快速访问工具栏。位于窗口上方左侧，用于放置一些常用工具，默认包括保存、撤销和恢复三个工具按钮。用户可以根据需要进行添加。

（2）功能选项卡标签。用于切换功能区，单击功能选项卡的标签名称就可以完成切换。

（3）标题栏。用于显示当前文档的名称。

（4）功能区。用于放置编辑文档时所需的功能按钮，系统将功能区的按钮按功能划分为一个一个的组，称为工具组。在某些功能组右下角有"对话框启动器"按钮，单击该按钮可以打开相应的对话框，打开的对话框包含了该工具组的相关设置选项。

（5）窗口控制按钮。包括最小化、最大化和关闭三个按钮，用于对文档的大小和关闭进行控制。

（6）标尺。分为水平标尺和垂直标尺，用于显示或定位文本的位置。

（7）滚动条。分为水平滚动滚动条和垂直滚动条，拖动滚动条可以查看文档中未显示的内容。

（8）文档编辑区。用于显示或编辑文档内容的工作区域，编辑区内不停闪烁的光标称为插入点，新输入或插入的文本内容定位在此处。

（9）状态栏。用于显示当前文档的页数、字数、拼写和语法状态、使用语言、输入状态等信息。

（10）视图按钮。用于切换文档的视图方式，单击相应按钮，即可切换到相应视图。

（11）缩放标尺。用于对编辑区的显示比例和缩放尺寸进行调整，用鼠标拖动缩放滑块后，标尺左侧会显示缩放的具体数值。

2. 掌握 Office 2010 的基本操作

（1）启动 Office 组件。

方法 1：执行"开始"菜单下 Microsoft Office 子菜单下的相应命令启动相关组件。

　　方法2：双击桌面上Office组件的快捷方式图标，启动相应程序。

　　方法3：从"我的电脑"或"资源管理器"窗口中双击Word/Excel/PowerPoint文件，在打开该文件内容的同时打开相应程序窗口。

　　（2）新建Office文档。

　　通过启动Office组件方法中的方法1和方法2启动Office组件后，就新建了一个空白文档。用户也可以在现有文档的基础上另外新建空白文档，方法是：单击"文件"功能选项卡中的"新建"命令，然后单击右侧"可用模板"列表中的"空白文档"选项，单击"创建"按钮，创建新的空白文档，如图3-6所示。

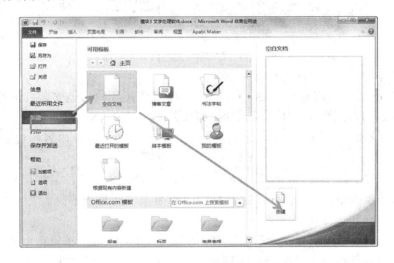

图3-6　新建Office文档

　　　　在编辑文档的过程中，按下Ctrl＋N快捷键，可快速创建空白文档。如果重复按该快捷键，可按文档1、文档2……的命名方式新建空白文档。

3.2　Word文档的录入与编辑

　　创建好一个新的Word文档之后，先设定文档的保存路径，然后就需要在文档中录入和编辑文字了。接下来以制作一份"大学寝室文化节"策划书为例介绍Word中文字的录入与编辑操作。

3.2.1　在Word 2010中录入文档内容

　　启动Word软件，输入"大学寝室文化节"活动策划书的内容，并保存为"活动策划书（录入）.docx"。

1. 录入文字的方法与技巧

　　新建Word文档，输入活动策划书的内容，如图3-7所示。

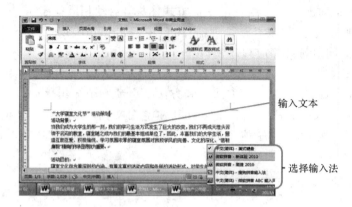

图 3-7　输入文本内容

在录入文本时，还需要注意以下几点：

（1）在 Word 中，可以通过按 Shift＋Ctrl 快捷键切换各种已经安装好的输入法。如果是从英文输入法切换到默认的中文输入法，那么需要按 Ctrl＋Space 快捷键。

（2）录入文本时，在同一段文本之间不需要手动分行。当输入内容超过一行时，Word会自动换行。

（3）当录入完一段文字后，按 Enter 键，文档会自动产生一个段落标记符，表示换行。

（4）如果需要强制换行，并且需要该行的内容与上一行的内容保持一个段落属性，可以按 Shift＋Enter 快捷键来完成。

（5）当文本出现错误或有多余的文字时，可以使用删除功能。按键盘上的 Backspace 键可以删除插入点左侧的文字；按 Delete 键可以删除插入点右侧的文字。

在文档空白区域的任意位置处双击，可以启动 Word 的"即点即输"功能，此时插入点定位在该位置，此后输入的文本或插入的图标、表格或其他对象将出现在新的插入点处。

2. 录入特殊符号

利用键盘可以轻松地输入常用的标点符号、字母、数字，如果需要插入键盘外的其他符号，则需要通过"插入符号"功能来完成。在该活动策划书中，就用到了序号❶❷❸…，录入方法如下。

（1）单击"插入"选项卡中"符号"工具组中的"符号"按钮，在弹出的下拉菜单中选择"其他符号"命令，如图 3-8 所示。

图 3-8　执行"其他符号"命令

（2）弹出"符号"对话框，在"字体"列表中选择相应的字体，然后选择要插入的符号。单击"插入"按钮即可插入符号，如图 3-9 所示。

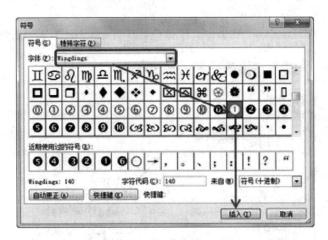

图 3-9　"符号"对话框

> 如"二〇一〇年三月"等特殊时间，以及"淰""濎"等生僻字，"±""1/4""α""≥"等特殊字符，这些特殊的字符有些用键盘输入法输入不了，必须使用"插入"功能来解决这一问题。

3. 插入日期和时间

在制作合同、信函、通知类的办公文档时，通常需要在文档的末尾输入当前的日期与时间。在 Word 中可以快速插入日期与时间，不用手动输入。在本任务中，最后就需要制定完成策划书的时间，具体操作方法如下所述。

（1）将插入点定位到文档最后，单击"插入"选项卡中"文本"工具组中的"日期和时间"按钮，如图 3-10 所示。

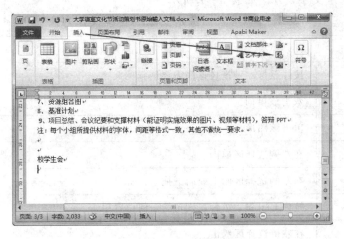

图 3-10　执行插入"日期和时间"命令

（2）弹出"日期和时间"对话框，在"可用格式"列表中选择日期格式，单击"确定"按钮，按选择的格式插入日记和时间，如图 3－11 所示。

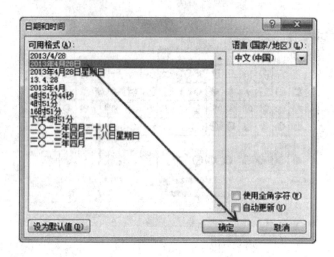

图 3－11 "日期和时间"对话框

至此，活动策划书内容录入完毕。

3.2.2 编辑文档内容

文本录入完成之后，需要对文档进行更深入的编辑操作，如文本的复制、剪切、粘贴、文本的替换与查找等。以 3.2.1 节完成的"活动策划书"为例完成以下的文本编辑操作：

（1）将"活动时间"和"活动地点"两部分内容复制、粘贴至正文最后。

（2）将文中的"3 月"替换为"5 月"。

（3）删除原"活动时间"和"活动地点"两部分内容，仅保留粘贴后内容。

1. 选择文档内容

对文档内容进行编辑之前，都需要先选中要编辑的内容，也就是要指明对哪些内容进行编辑。文档中被选中的文本以蓝色背景显示。

（1）用鼠标选定文字，方法如表 3－1 所示。

表 3－1 用鼠标选定文本的各种操作方法

所选文本	鼠标的操作
任何数量的文字	按住鼠标左键拖过这些需要选择的文字
一个单词	双击该单词
一个图形	单击该图形
一行文字	在左侧选择区单击
多行文字	在左侧选择区向上或向下拖动鼠标
一个句子	按住 Ctrl 键，然后在该句的任何位置单击
一个段落	在左侧选择区双击

所选文本	鼠 标 的 操 作
多个段落	在左侧选择区向上或向下拖动鼠标
一大块文字	在开始处单击，按住 Shift 键，滚动到所选内容结束的位置单击
整篇文档	在左侧选择区三击鼠标
垂直文字块	按住 Alt 键然后拖动鼠标

（2）用键盘选定文字，方法如表 3-2 所示。

表 3-2　用键盘选定文本的方法

所选文本	按　　键
右侧一个字符	Shift＋右箭头
左侧一个字符	Shift＋左箭头
单词结尾	Ctrl＋Shift＋右箭头
单词开始	Ctrl＋Shift＋左箭头
行尾	Shift＋End
行首	Shift＋Home
下一行	Shift＋下箭头
上一行	Shift＋上箭头
段尾	Ctrl＋Shift＋下箭头
段首	Ctrl＋Shift＋左箭头
下一屏	Shift＋PgDn
上一屏	Shift＋PgUp
整篇文档	Ctrl＋A
文档中具体位置	F8，然后移动箭头；Esc 键可取消选定模式
纵向文本块	Ctrl＋Shift＋F8，然后移动箭头；Esc 键可取消选定模式

2. 移动和复制内容

（1）选定"活动时间"和"活动地点"两部分内容，如图 3-12 所示。

（2）在选定内容上单击鼠标右键，在弹出的快捷菜单中选择"复制"命令，如图 3-13 所示，或者按 Ctrl＋C 快捷键。

图 3-12　选定内容　　　　　　　　　　　图 3-13　执行"复制"命令

（3）将光标定位到内容正文最后，右击鼠标，执行快捷菜单中"粘贴选项"中的，即可将复制的文本按原格式粘贴到正文最后。

　　复制文本的常见操作方法如下：

　　（1）利用复制、粘贴按钮完成复制：选定要复制的内容，单击"开始"菜单中的按钮，这时选定的内容就被复制到了剪贴板上。然后将光标移到目标位置，单击按钮，则选定的内容就被复制到了目标位置。

　　（2）通过拖拉鼠标完成复制：首先选定内容，将鼠标指针移动到选取的文字上，这时鼠标指针变成箭头形状，然后按住 Ctrl 键，再按住鼠标左键并拖动鼠标，这时随着鼠标的移动，文档中会出现一条虚线，表明被选取的文字将要移到的位置，在目标位置释放鼠标，则选取的文字便复制到了新的位置。

　　（3）利用快捷键完成复制：选定要复制的内容，按下 Ctrl＋C 键，然后将光标移到目标位置，再按下 Ctrl＋V 键，则选定的内容就被复制到了目标位置。

　　移动文的本常见操作方法如下：

　　（1）利用移动、粘贴按钮完成复制：选定要移动的内容，单击剪切按钮，这时选定的内容就被移动到了剪贴板上。然后将光标移到目标位置，单击按钮，则选定的内容就被移动到了目标位置。

　　（2）通过拖拉鼠标完成移动：首先选定内容，将鼠标指针移动到选取的文字上，这时鼠标指针变成箭头形状，按住鼠标左键并拖动鼠标，这时随着鼠标的移动，文档中会出现一条虚线，表明被选取的文字将要移到的位置，在目标位置释放鼠标，则选取的文字便移动到了新的位置。

　　（3）利用快捷键完成移动：选定要移动的内容，按下 Ctrl＋X 键，然后将光标移到目标位置，再按下 Ctrl＋V 键，则选定的内容就被移动到了目标位置。

3. 查找和替换内容

（1）将光标定位在文档中，单击"开始"面板的"编辑"组中的"替换"按钮，弹出"查找和替换"对话框并自动切换到"替换"选项卡，如图 3-14 所示。

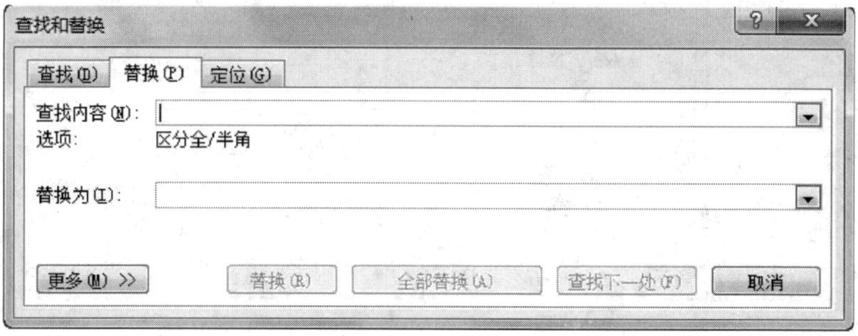

图 3-14　"查找和替换"对话框

（2）在"查找内容"下拉列表中输入需要查找的内容"3 月"，在"替换为"下拉列表中输入替换后的文本"5 月"。单击"全部替换"按钮，将自动弹出一个提示对话框，提示 Word 已完成对文本的替换，单击"确定"按钮，关闭提示对话框。

　　　　在 Word 2010 中，除可利用"查找和替换"对话框在文档中查找特定内容外，还可以利用"导航"面板中的搜索功能进行搜索，这是 Office 2010 的新增功能。使用 Ctrl＋F 键将打开导航面板，而不是"查找和替换"对话框。

4. 删除文档内容

对文档中不需要的文本对象，应该将其删除，删除文本通常按以下方法操作：

（1）按下 BackSpace 键可以删除插入点之前的文本。

（2）按下 Delete 键可以删除插入点之后的文本。

（3）选中要删除的大段或多段文本，按键盘上的 BackSpace 或 Delete 键删除选中的文本。

（4）选择文本，单击"开始"选项卡，在"剪贴板"工具组中单击"剪切"按钮可删除文本。

（5）选中文本后，直接输入替换的内容。

5. 撤销和恢复操作

当用户在进行文档录入、编辑或者其他处理时，Word 会将用户所做的操作记录下来。如果用户出现错误的操作，则可以通过"撤销"功能将错误的操作取消；如果在"撤销"操作时也出现错误，则可以利用恢复功能恢复到"撤销"之前的内容。

（1）撤销：单击"撤销"按钮右侧的下三角按钮，在弹出的下拉列表中选择要进行的撤销的步骤名称即可，如图 3-15 所示。

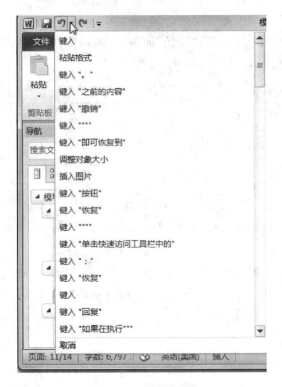

图 3－15　撤销操作

（2）恢复：单击快速访问工具栏中的"恢复"按钮 ↻ 即可恢复到"撤销"之前的内容。

3.3　规范与美化文档

在 3.2 节中已经完成了活动策划书的文本录入与编辑，但没有进行任何排版，文本的可读性比较差。接下来将对其进行格式化操作，使其格式规范、美观，有利于阅读。

3.3.1　设置文档的字符格式

Word 文档中字符的格式体现在字体、字符间距等方面，以 3.2 节完成的"活动策划书"为例完成以下字符设置操作：

（1）将标题设置为"'大学寝室文化节'活动策划"，设置为宋体，字号为三号，加粗。

（2）"活动背景""活动目的""活动构成""活动内容""活动流程""报名方式""要求""活动时间""活动地点"几个小标题设置为宋体，四号字，并加粗。

（3）设置标题的字符间距为 3 磅。

1. 设置字符的基本格式

在"开始"面板中的"字体"工具组中，提供了文字的基本格式设置按钮，可以单击这些相应的按钮对文字进行格式化设置。

（1）设置标题文字格式。选中标题"'大学寝室文化节'活动策划"，单击相应的字符格式按钮设置格式，如图 3－16 所示。

图 3-16　设置文字的基本格式

在"字体"工具组中，含有多种基本格式设置按钮，其作用及含义如表 3-3 所示。

另外，还可以通过"字体"对话框对文字效果进行设置，方法是单击"字体"功能组右下方的扩展按钮，在弹出的"字体"对话框中进行设置，如图 3-17 所示。

表 3-3　"字体"工具组各按钮的作用

命令按钮	作　　用
华文楷体	字体列表，用于设置文本字体，如黑体、楷体、隶书等
三号	字号按钮，设置字符大小，如五号、三号等
A⁺ A⁻	增大、减小字号按钮，可快速增大或减小字号
Aa	更改大小写按钮，单击可对文档中的英文进行大小写之间的互换
Aᵃ	清除格式按钮，单击可将文字格式还原到 Word 默认状态
变	拼音指南按钮，单击可给文字注音，且可编辑文字注音的格式，如 活动策划
A	字符边框，可以给文字添加一个线条边框，如 活动策划
B	加粗按钮，将字符的线型加粗，如大学寝室文化节
I	倾斜按钮，将字符进行倾斜，如活动策划
U	下划线按钮，可为字符添加单下划线、双下划线、波浪线等，如"大学寝室文化节"活动策划
abc	删除线按钮，可以给选中的字符添加删除线效果，如活动策划
x₂ x²	下标和上标按钮，单击可将字符设置为下标和上标，如 H_2, X^2

续表

命令按钮	作　　用
A ·	文本效果按钮，可以将选择的文字设置为带艺术效果的文字
ab ·	突出显示效果按钮，可将文字以突出的底纹显示出来
A ·	字体颜色按钮，给文档字符设置各种颜色
A	字符底纹按钮，给字符添加底纹效果
字	带圈字符，单击可给选中文字添加带圈效果，如活

图 3-17　通过"字体"对话框设置文字效果

（2）设置小标题文字格式。首先选中"活动背景"四个字，然后设置为宋体、四号、加粗，之后双击格式刷按钮✔格式刷复制格式，再在"活动目的""活动构成""活动内容""活动流程""报名方式""要求""活动时间""活动地点"几个标题上刷动，即可将几个标题都设置为宋体、四号、加粗。

2．设置文字的字符间距

选中标题文字，打开"字体"对话框，切换到"高级"选项卡，设置字符间距为 3 磅，如图 3-18 所示。

图 3-18　设置字符间距

　　　　文字的字符间距指的是文档中字与字之间的距离。如果在"间距"列表中选择"紧缩"命令，则可以通过设置磅值将字间距调整为紧密；如果在"紧缩"列表中选择其他比例，那么可以将字符放大或缩小；如果选中"位置"列表中的"提升"或"降低"，再设置磅值，则可以设置文字在同一行文中上升或下降的位置。

3.3.2　设置文档的段落格式

　　对于文档中的段落文本内容，我们可以设置其段落格式，行距决定段落中各行文字之间的垂直距离，段落间距决定段落上方和下方的空间。下面以"活动策划书"为例完成以下段落格式设置操作：

　　（1）将标题设置为居中对齐方式，正文设置为两端对齐，最后的落款右对齐。

　　（2）正文段落首行缩进 2 个字符。

　　（3）正文段间距设置为段前和段后均为 0.4 行，行间距设置为"固定值""18 磅"。

　　（4）"要求"中的几个要求前加项目符号。

　　（5）"活动构成"的三个内容前加编号。

　　（6）为"活动背景"和"活动目的"加边框和底纹。

1．设置段落对齐方式

　　（1）选定标题文字，在"开始"面板的"段落"选项组中，有 5 种对齐方式，分别是左对齐、居中对齐、右对齐、两端对齐和分散对齐，这里选择居中对齐，如图 3-19 所示。

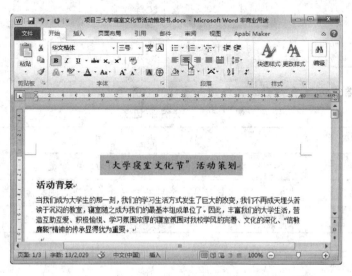

图 3-19　设置标题居中对齐

　　（2）由于默认情况下，Word 采用的是两端对齐，因此不用再对正文进行设置即可。

　　（3）选定落款文字，单击右对齐按钮即可。

段落格式是以"段"为单位的。因此，要设置某一个段落的格式时，可以直接将光标定位在该段落中，执行相关命令即可。要同时设置多个段落的格式时，就需要先选中这些段落，再进行格式设置。

2. 设置段落缩进方式

选中全部正文文档，单击"段落"工具组右下角的对话框启动器，弹出"段落"对话框，选择"特殊格式"列表中的"首行缩进"选项，磅值处选择"2 字符"，单击确定按钮，如图3-20所示。

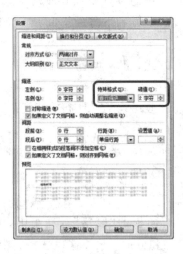

图 3-20　设置正文首行缩进

段落的缩进方式有四种，其作用如表3-4所示。

表 3-4　段落缩进方式

缩进方式	作　　用
左（右）缩进	整个段落中所有行的左（右）边界向右（左）缩进
首行缩进	从一个段落首行第一个字符开始向右缩进，使其区别于前面的段落
悬挂缩进	将整个段落中除了首行外的所有行左边界向右缩进

3. 设置段间距与行间距

（1）段间距。段间距是指文档中段落之间的距离，设置方法是选中正文段落，打开"段落"对话框，设置"段前"和"段后"为 0.4 行，如图 3-21 所示。

（2）行间距。行间距是指段落中行与行之间的距离，设置方法是选中正文段落，打开"段落"对话框，将文档中的行间距设置为"固定值""18磅"，如图3-21所示。

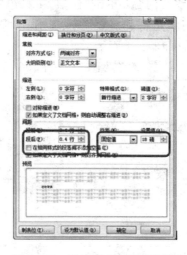

图3-21　设置段间距和行间距

4. 设置项目符号与编号

（1）项目符号。选中"要求"中的几个要求条件，单击"段落"工具组中"项目符号"按钮右侧的下三角按钮，打开项目符号列表，单击选择所需要的项目符号即可，如图3-22所示。

> 如果打开的项目符号列表中没有需要的符号类型，可以在项目符号列表的下方单击"定义新项目符号"命令，在弹出的"定义新项目符号"对话框中重新选择图片或符号作为新的项目符号。

（2）编号。选中要添加编号的内容，单击"段落"工具组中"编号"按钮右侧的下三角按钮，打开编号列表，选择需要的编号即可，如图3-23所示。

图3-22　设置项目符号

图3-23　设置编号

5. 添加边框和底纹

（1）选中要添加边框和底纹的内容，单击"段落"工具组中"下框线"按钮 ▼ 右侧的下拉按钮，在弹出的子菜单中选择"边框和底纹"命令，弹出"边框和底纹"对话框。设置边框的样式、颜色、宽度等属性，如图 3-24 所示。

（2）切换到"底纹"选项卡，单击"填充"下三角按钮，选择底纹颜色，如图 3-25 所示。

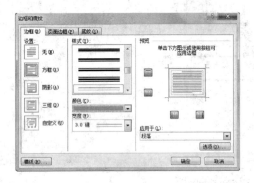 

图 3-24　设置边框　　　　　　　　　　图 3-25　设置底纹

6. 设置段落首字下沉

选择文档中要设置首字下沉的文字所在的段落，单击"插入"面板中"文本"工具组中的"首字"下沉按钮，在列表选择"首字下沉选项"命令，在弹出的"首字下沉"对话框中设置首字下沉的相关文字选项即可，如图 3-26 所示。

图 3-26　设置首字下沉

3.3.3　设置文档的页面格式

由于工作的需要，我们需要打印不同规格的文件，所以通常在文档编辑之前需要对页面进行适当的设置来达到我们的要求。接下来以"活动策划书"为例完成以下页面设置操作：

（1）将"要求"中的内容进行分栏排版，分为两栏并加分隔线。

（2）为整个页面添加艺术型边框。

（3）为文档添加页面背景。

（4）为文档添加水印。

（5）添加页眉、页脚。

（6）要使用宽度 25 厘米、高度 35 厘米的打印纸打印活动策划书，设置纸张大小。

（7）页边距设置为上下左右均为 2 厘米。

（8）打印时，纵向打印。

1. 分栏排版

单击"页面布局"面板中"页面设置"工具组中的"分栏"按钮，选择"更多分栏"命令，打开"分栏"对话框。选择要分栏的栏数，并选中"分隔线"复选框，单击"确定"按钮即可，如图 3-27 所示。

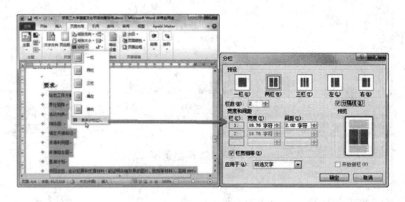

图 3-27　设置分栏

　　　　在设置分栏排版格式时，可以直接选择栏数，也可以在"栏数"框中自定义分栏数。在下方的"宽度"和"间距"框中可以更改默认栏的宽度和间距。如果要删除分栏效果，则选择分栏段后，打开"分栏"对话框，再单击"一栏"选项即可。

2. 添加页面边框

在"页面布局"面板中单击"页面边框"按钮 📄 页面边框，弹出"边框和底纹"对话框，在"艺术型"下拉列表框中选择需要的边框样式，单击"确定"按钮即可，如图 3-28 所示。

图 3-28　设置页面边框

3. 添加页面背景

单击"页面布局"面板中"页面背景"工具组中的"页面颜色"按钮，在弹出的下拉列表中单击"填充效果"命令，弹出"填充效果"对话框。切换到"图片"选项卡，然后选择素材文件中的"背景图片.jpg"文件，并单击"插入"按钮，如图 3-29 所示。

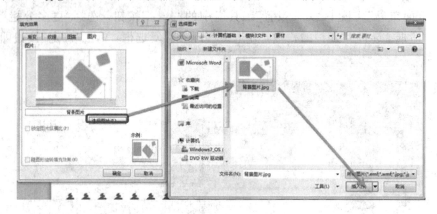

图 3-29　选择背景图案

4. 添加文档水印

单击"页面背景"工具组中的"水印"按钮，在弹出的快捷菜单中选择"自定义水印"命令，弹出"水印"对话框。设置水印文字的相关选项，重新设置文字、字体、字号、颜色等。单击"确定"按钮，完成设置后关闭对话框，如图 3-30 所示。

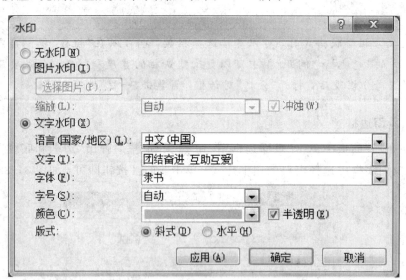

图 3-30　设置水印文字

5. 添加页眉和页脚

（1）单击"插入"面板的"页眉和页脚"工具组中的"页眉"选项，选择列表中的页眉样式（这里选择"空白"），如图 3-31 所示。然后在页眉中输入相关内容即可（这里输入文档字体"'大学寝室文化节'活动策划"。

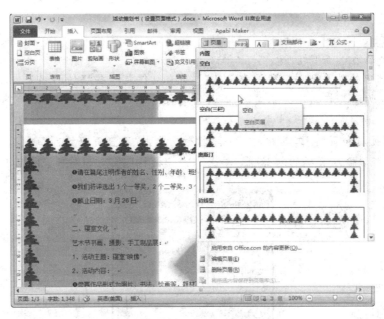

图 3-31　选择页眉样式

（2）单击"导航"工具组中的"转至页脚"按钮，转至页脚区域。单击选择页脚样式，单击选择页码位置列表中的页码样式，即可输入页码，如图 3-32 所示。

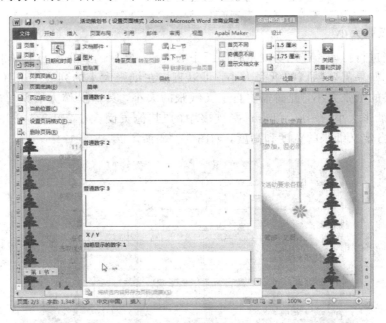

图 3-32　设置页脚

在"页眉和页脚"的"设计"选项卡中，单击"插入"工具组中的相关按钮，可以在页眉和页脚处插入日期和时间、文档部件、图片等对象，并能像处理普通文档中的内容一样处理插入的对象。选中"选项"工具组中的"首页不同"复选框，可以根据输入提示创建首页不同的页眉和页脚；选择"奇偶页不同"复选框，可以创建奇偶页不同的页眉和页脚。

在文档中插入页码时，默认都是从"1"开始，但是一些稿件的起始内容可能紧接其他文档，所以其起始值并不是"1"，遇到这种情况，就需要更改编号起始值。操作方法如下：

单击"页眉和页脚"工具组的"页码"按钮，单击"设置页码格式"命令，弹出"页码格式"对话框，输入页码的起始值，单击"确定"按钮即可，如图 3-33 所示。

图 3-33　设置起始页码

6. 设置纸张大小

要对文档进行打印，首先要确定打印纸张的大小，常用的纸张大小有 A3、A4、B5、16 开、32 开等。如果需要默认的纸张大小，可以直接在纸张大小的列表中选择。由于默认列表中没有需要的纸张大小，此时需要自定义纸张的大小，具体操作方法是单击"页面设置"工具组中的"纸张大小"按钮，单击选择列表中的"其他页面大小"命令，在弹出的"页面设置"对话框中自定义纸张的宽度和高度，如图 3-34 所示。

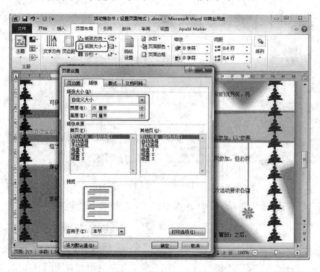

图 3-34　设置纸张大小

7. 设置页边距

页边距是文本区到页边界的距离，设置方法是单击"页面设置"工具组右下角的对话框启动器，弹出"页面设置"对话框。选择"页边距"选项卡，设置上下左右的页边距均为2厘米，单击"确定"按钮完成操作，如图3-35所示。

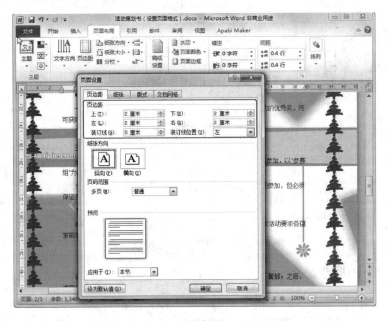

图3-35 设置页边距

8. 设置纸张方向

在Word中，纸张有两个使用方向，一个是纵向，另一个是横向，默认为纵向使用。设置方法是单击"页面设置"工具组中的"纸张方向"按钮，单击列表中的方向选项即可，如图3-36所示。也可在图3-35所示的"页面设置"对话框中选择纸张方向。

图3-36 设置纸张方向

3.4　在文档中使用表格

Word软件提供了强大的制表功能，不仅可以自动制表，也可以手动制表。Word的表格线自动保护，表格中的数据可以自动计算，表格还可以进行各种修饰。用Word软件制作表格，既轻松又美观，既快捷又方便。接下来以完成"公司采购单"（如图3-37所示）为例学习Word表格的常用操作。

公司采购单

申请日期		申请部门		
申请人		到货日期		
序号	物品名称（摘要）	数量	单位	备注
预算金额		供货商电话		
申请原因				
主管签字				
经理签字				
总经理签字				

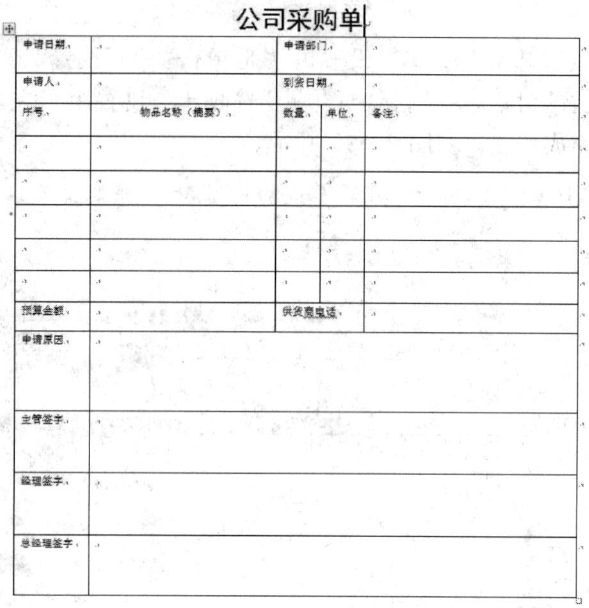

图 3－37　所要创建的公司采购表

3.4.1　在文档中创建表格

Word 中常用的创建表格的方法有两种：第一种方法是自动创建表格，第二种方法是手动绘制表格。对于规范的表格使用自动创建较为方便，对于具有个性化的表格使用手动绘制表格更加合适。

1. 自动创建表格

方法 1：拖动行列数创建表格。由于创建的表格行列数较少且是规则的表格，因此可以在“表格”列表中的“预设方格”上拖动鼠标，快速创建出规则型的方格，如图 3－38 所示（这样可创建最大 10 列×8 行的表格）。

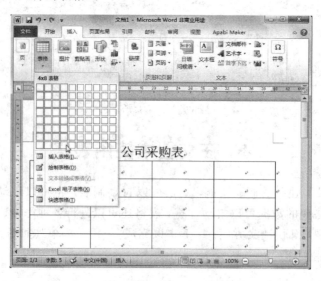

图 3－38　快速创建表格

　　方法 2：通过对话框创建表格。单击"表格"工具组中的"表格"按钮，在弹出的列表中选择"插入表格"命令，弹出"插入表格"对话框。设置表格行数和列数，这里根据需要选择 4 列、13 行，如图 3-39 所示。单击"确定"按钮即可在文档中插入一个 4 列×13 行的表格。

图 3-39　"插入表格"对话框

2. 绘制表格

　　第 3 列的第 3～8 行为不规则单元格，需要手动绘制，具体方法是：单击"表格"工具组中的"表格"按钮，单击列表中的"绘制表格"命令，切换到绘制表格状态，拖动鼠标从上到下绘制表格的列线，如图 3-40 所示。

公司采购表

图 3-40　手动绘制表格

3.4.2　编辑表格

刚创建的表格总有一些地方不尽如人意，因此需要对表格进行更多的编辑操作，使其达到满意的效果。接下来以 3.4.2 节完成的"公司采购表"为例完成以下编辑操作：

（1）按图 3-37 所示输入文字内容。

（2）添加表格对象。

（3）合并和拆分单元格。

（4）调整表格大小，使其更美观。

1. 在表格中输入内容

根据图 3-37 所示在表格中输入内容。可以使用键盘上的方向键将插入点快速移动到其他单元格；按 Tab 键可以将插入点由左向右依次切换到下一个单元格；按 Shift＋Tab 快捷键可以将插入点由右向左切换到前一个单元格。

在表格中编辑的文字内容和在表格之外编辑的内容一样，可以进行复制、移动、查找、替换、删除及格式设置等操作。

2. 选择表格对象

在学习表格的编辑操作之前，首先要学会表格对象的选择方法，如单元格的选择、列与行的选择以及表格的选择等。

（1）选择表格中的行。将鼠标指针指向需要选择的行的最左端，当鼠标指针变成形状时单击鼠标左键即可选择表格的一行。此时，如果按下鼠标左键不放，则向上或向下拖动时，可以连续选择表格中的多行。

（2）选择表格中的列。将鼠标指针指向需要选择的列的顶部，当鼠标指针变成↓形状时单击鼠标左键，即可选择表格的一列。此时，如果按下鼠标左键不放，则向右或向左拖动时，可以连续选择表格中的多列。

（3）选择单元格。由行线和列线交叉构成的格式称为单元格，一个表格由多个单元格构成。在选择一个单元格时，需要将鼠标指针指向单元格的左下角，当指针变成样式时，再单击鼠标左键选择相应的单元格。如果按住鼠标左键不放进行拖动，则可以选择表格中的多个连续单元格。

（4）选择整个表格。将鼠标指针指向表格范围时，在表格的左上角会出现选择表格标记，单击该标记即可选取整个表格。

另外，同选取文本对象一样，在选择表格对象时，按住 Shift 或 Ctrl 键后再进行选择，可以选择多个相邻的对象或不相邻的对象。

3. 添加和删除表格对象

在创建表格时，并不能将行和列以及单元格一次创建到位，所以当表格中需要添加数据，而行、列或单元格不够时，就需要进行添加；当有多余的行、列或单元格时，则需要将其删除。例如，在表格"总经理签字"下方添加两行的方法为将插入点定位到表格中插入新行的位置，单击"行和列"工具组中的"在下方插入"按钮，如图 3-41 所示，每单击一次插入一行。

图 3-41 添加行

添加列与添加行的方法类似，只需要定位到要添加新列的列，单击"在左（右）侧"插入即可。

删除表格对象与添加表格对象类似，选中要删除的对象，单击"行和列"工具组中的"删除"按钮，在弹出的列表中选择相应命令即可。

4. 合并和拆分单元格

由图 3-37 可知，最后四行只有两列，而目前有四列，在不改变表格大小的情况下就需要将多个连续的单元格合并为一个单元格。操作方法是：选择表格中要进行合并的多个单元格，单击"合并"工具组中的"合并单元格"按钮即可，如图 3-42 所示。

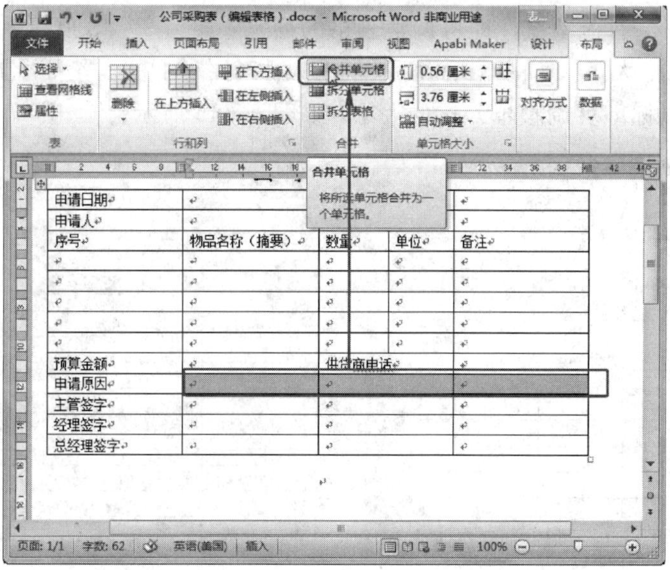

图 3-42 合并单元格

拆分单元格方法类似，首先选中要进行拆分的单元格，单击"拆分单元格"按钮，然后在弹出的"拆分单元格"对话框中设置要拆分成几行几列即可。

5．设置表格大小

此时表内容已经完成，但是表格列的宽度和行的高度并不合适，需要调整行高、列宽、单元格大小和表格的整体大小。

（1）调整表格大小。将鼠标指针指向表格右下角的缩放标记"□"上，当鼠标指针变为"↘"时，按住鼠标左键并拖动，在拖动的过程中鼠标会变成十字形状，并且有一个虚框表示当前缩放的大小，当虚框符合需要的尺寸时松开鼠标左键即可，如图3－43所示。

（2）调整表格行高。将鼠标指针指向表格中要调整行高的行线上，鼠标指针变成"÷"时，按住鼠标左键不放，上下拖动鼠标即可调整表格的行高，如图3－44所示。

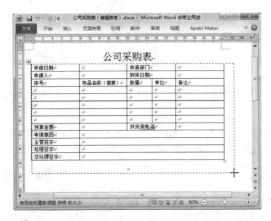

图3－43　调整表格整体大小　　　　　　　　图3－44　调整行高

（3）调整表格列宽。将鼠标指针指向表格要调整列宽的列线上，鼠标指针变为"↔"时，按住鼠标左键不放左右拖动鼠标即可调整表格的列宽，如图3－45所示。

（4）调整单元格大小。选中单元格后，将鼠标指针指向单元格列线上，鼠标指针变为"↔"时左右拖动鼠标即可调整单元格的大小，如图3－46所示。

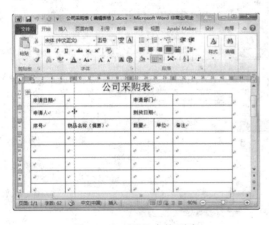
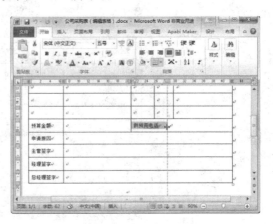

图3－45　调整表格列宽　　　　　　　　　图3－46　调整单元格大小

　　使用鼠标拖动调整能够大致设置表格的大小，如果要精确设置表格的行高和列宽或单元格的大小，可以使用指定表格大小的方法，具体操作方法是：选择表格或将插入点定位到表格中，单击"单元格大小"工具组右下角的表格属性对话框启动器（或选中表格后在表格上右击，在弹出的快捷菜单中选择"表格属性"命令），弹出"表格属性"对话框。在其中可以设置表格整体大小、行宽、列高以及单元格大小，如图 3-47 所示。

图 3-47　使用"表格属性"对话框设置表格大小

3.4.3　设置表格格式

　　在制作表格的时候，可以通过功能区的操作，轻松地对表格进行设置与美化，如合并单元格、设置表格边框底纹等。下面以"公司采购表"为例完成以下的优化操作：

　　（1）对公司采购表应用一种表格样式，使其更加美观。

（2）将表格中的标签文字设置为加粗、小四号字。

（3）将表格中的文字设置为水平居中效果。

（4）设置表格中的文字为水平居中效果。

（5）为表格添加边框和底纹。

（6）进行跨页设置，使分页后表格从第二页起可以看到标题行。

1. 快速应用表格样式

Word 2010 提供了丰富的表格样式库，可以将样式库中的样式快速应用到表格中。如果样式库不能满足要求，还可以自定义表格样式。设置方法是选择要设置样式的表格，单击"表格样式"工具组中的"其他"按钮，如图 3-48 所示。选择列表中要应用的表格样式，如图 3-49 所示。

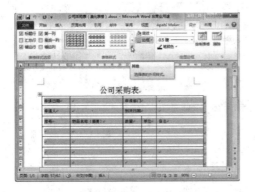 

图 3-48　选中表格并单击"其他"按钮　　　　图 3-49　选择样式

如果在表格样式库中没有合适的样式，可以单击样式列表中的"修改表格样式"，弹出"修改样式"对话框，调整该对话框中的参数可以制作出更多精美的表格。

2. 设置表格中的文字格式

选择表格中要设置文字格式的文字，利用"字体"工具组中的相关按钮设置相关的文字格式，如图 3-50 所示。

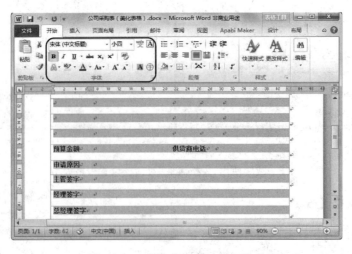

图 3-50　设置表格中的文字格式

3. 设置表格中文字的对齐方式

选择整张表格，单击"对齐方式"工具组中的"水平居中"按钮，如图3-51所示。

图3-51　设置文字居中

4. 设置表格中的文字方向

选择横排文字的单元格，单击"文字方向"按钮，可将单元格中的文字竖排显示，如图3-52所示，再次单击该按钮，可将竖排文字进行横排显示。

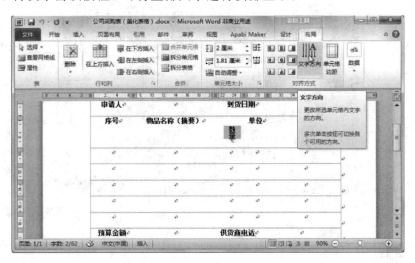

图3-52　设置文字方向

5. 设置表格的边框和底纹

使用样式后，表格中的列线不再显示，可以通过设置边框使其显示出来。方法是选择"表格样式"工具组中的"边框"按钮，单击"边框和底纹"命令，弹出"边框和底纹"对话框，单击"设置"列表中的"全部"按钮，并在"样式"列表中选择边框线型的样式、颜色和宽度，如图3-53所示，单击"确定"按钮。

图 3-53　设置边框

　　默认情况下，Word 表格中的单元格是无底纹颜色的，用户可以给单元格添加底纹效果来突出显示表格效果。本例中，将具体采购物品部分单元格设置为灰色底纹的效果，方法是选择要添加底纹的单元格，单击"表格样式"工具组中的"底纹"按钮，单击列表中的底纹颜色即可，如图 3-54 所示。

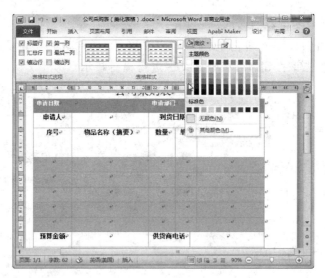

图 3-54　设置底纹颜色

　　　表格的跨页设置如下：

　　当用户在 Word 中处理大型表格或多页表格时，表格会在分页处自动分割，分页后的表格从第二页起就没有标题行了，这对于查看和打印都不方便。要是分页后的每页表格都具有相同的表格标题，可以使用表格中的"重复标题行"功能，方法是选中表格中需要重复的标题行，单击"数据"工具组中的"重复标题行"按钮，即可为每页添加标题行，如图 3-55 所示。

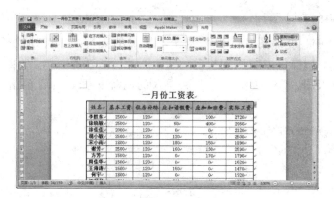

图 3-55　设置跨页标题栏

3.5　图文混排

Word 中的图文混排可以很方便地处理好图片与文字之间的环绕问题，使文档的排版更加美观、整洁。

3.5.1　图片的插入

Word 中最常用的插入图片有两种，分别是剪贴画和电脑中的图片。

1. 插入剪贴画

剪贴画是微软公司为 Office 系列软件专门提供的内部图片，一部分是软件自带的，一部分则需要通过网络下载。剪贴画一般都是矢量图形，采用 WMF 格式，包括人物、科技、商业、动植物等类型。插入剪贴画的操作方式如下：

将光标定位到要插入图片的位置，单击"插入"工具组中的"剪贴画"按钮，在弹出的"剪贴画"面板中单击"搜索"按钮，在下面的"剪贴画"列表中选择需要的图片，如图 3-56 所示。

图 3-56　插入剪贴画

2. 插入电脑中的其他图片

在 Word 2010 中，外部图片一般来自于本机上的文件夹、从其他程序中创建的图片、从网上下载的图片、扫描仪或数码相机等。插入图片的方法是：单击"插图"工具组中的"图片"按钮，弹出"插入图片"对话框，单击要插入的图片选择，然后单击"插入"按钮，如图 3-57 所示。

图 3-57 插入图片

3.5.2 编辑图片对象

在 Word 中，当我们将图片插入到文档中之后，为了使图片更好地服务文字，需要对图片进行编辑与处理，包括：

（1）调整图片大小。

（2）裁剪图片，使其重点突出。

（3）排列图片。

（4）设置图片样式。

1. 设置图片大小

方法 1 拖动鼠标调整大小：单击图片，图片周围出现 4 个白色控制点，当鼠标移动到控制点上方时，鼠标指针变为双箭头形状，此时按住鼠标左键，当鼠标指针变为十字形时拖动即可调整图片的大小，如图 3-58 所示。

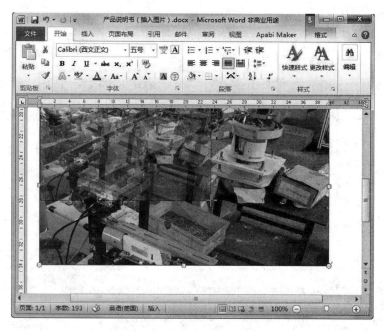

图 3-58　手动调整图片大小

　　方法2　精确设置图片大小：拖动鼠标调整图片大小，用户只能凭感觉来调整，因此不易确定图片的具体大小。如果需要精确设置图片大小，可以使用下面的方法：

　　（1）通过"大小"工具组进行设置：单击要调整大小的图片，单击"大小"工具组中的高度和宽度的调整按钮，或直接输入高度和宽度的值进行调整，如图 3-59 所示。

图 3-59　使用"大小"工具组精确调整图片大小

　　（2）通过"布局"对话框进行设置：单击要调整大小的图片，单击"大小"工具组对话框启动器，在弹出的"布局"对话框中设置图片的宽度和高度即可，如图 3-60 所示。

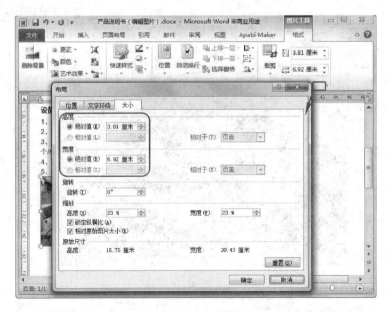

图 3-60　通过"布局"对话框设置图片大小

2. 裁剪图片

裁剪功能是 Word 2010 的新增功能，利用此功能可以将插入到文档中的图片多余部分去掉。方法是单击"格式"选项卡中的"裁剪"按钮，单击列表中"裁剪"命令，进入裁剪状态，如图 3-61 所示。

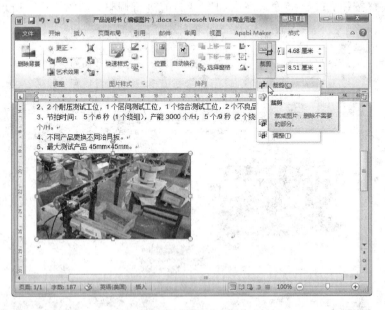

图 3-61　执行"裁剪"命令

指向图片中的裁剪标记，按住鼠标左键拖动，显示裁剪区域。松开鼠标，在空白处单击，即可完成裁剪，如图 3-62 所示。

图 3 - 62　裁剪图片

3．设置图片的排列效果

在文档中插入了图片后，就需要对文档中的图片进行合理放置，否则会影响文档的整体效果。图片的排列包括图片与文字的环绕方式、旋转效果及图片在文档中的位置。

（1）设置图片的环绕方式。默认情况下，插入的图片是"嵌入式"，这种类型的图片相当于一个字符，对其进行的很多操作都受限制。只有将图片设置为其他环绕方式，才能对图片进行随意设置。操作方法是：单击"排列"工具组中的"自动换行"按钮，在弹出的列表中选择环绕方式。这里选择"紧密型环绕"，如图 3 - 63 所示。

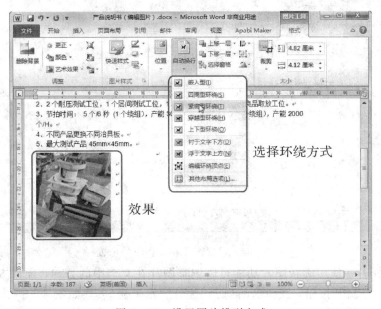

图 3 - 63　设置图片排列方式

图文混排常见的环绕方式及功能如表 3－5 所示。

表 3－5　图文混排常见环绕方式及功能

环绕方式	功能作用
四周型环绕	文字在对象周围环绕，形成一个矩形区域
紧密型环绕	文字在对象四周环绕，以图片的边框形状形成环绕区域
嵌入型	文字围绕在图片的上下方，图片只能在文字范围内移动
衬于文字下方	图形作为文字的背景图形
衬于文字上方	图形在文字的上方，挡住图形部分的文字
上下型环绕	文字环绕在图形的上部和下部
穿越型环绕	适合空心的图形

（2）设置图片在文档中的位置。用户在插入图片后，可以设置图片在文档中的位置，使用此功能可以使版面更整齐。操作方法是：单击"排列"工具组中的"位置"按钮，在弹出的列表中选择文字环绕方式，如"中间居中"，如图 3－64 所示。

图 3－64　设置图片在文档中的位置

（3）旋转图片。使用旋转图片功能可以调整图片在文档中的方向。操作方法是单击"排列"工具组中的"旋转"按钮，在弹出的列表中选择"水平翻转"，如图 3－65 所示（操作复制图片作为参考）。

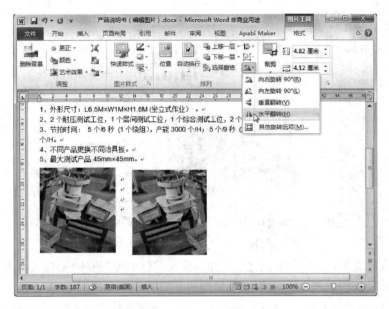

图 3-65　旋转图片

4. 设置图片样式

当插入图片对象后，还可以根据需要为图片设置外观样式，包括添加图片的边框、设置图片效果以及设置图片办事等。

（1）使用预设的图片样式。在 Word 2010 的"图片样式"工具组中预设了一组十分美观的图片样式，可以快速更改图片的外观效果，操作方法是：单击要更改的图片，然后单击"图片样式"工具组样式框中的预设样式，如图 3-66 所示。

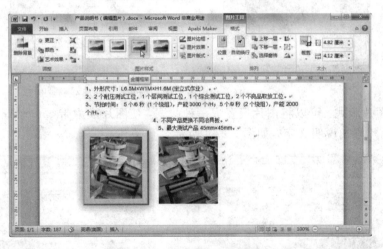

图 3-66　使用预设图片样式

（2）自定义图片的样式。在 Word 2010 中，还可以自定义图片边框颜色和边框样式，设置图片效果，将图片设置为带 SmartArt 效果的图片，并可以为图片添加说明文字。

① 设置图片边框样式。单击"图片样式"工具组中的"图片边框"按钮，在列表中选择边框的颜色、线条的粗细、虚实等，如图 3-67 所示。

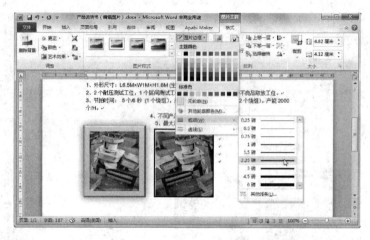

图 3-67　设置图片边框

②设置图片效果，如阴影、发光、映像、棱台等。单击"图片样式"工具组中的"图片效果"按钮，选择"预设"子菜单下的预设效果即可，如图 3-68 所示。

图 3-68　设置图片效果

③设置图片版式。可以将图片设置成一种版式，使图片成为带 SmartArt 效果的图片，这样便于为图片添加说明文字，如图 3-69 所示。

（a）执行命令　　　　　　　　　　（b）效果图

图 3-69　设置图片版式

　　(1) 压缩图片。如果一个文档中插入的外部图片太多，就会使文档很大，这时可以使用"压缩图片"功能来压缩文档中的图片以减小文档的大小。具体操作是：选中文档中的图片，单击"调整"工具组中的"压缩图片"按钮，如图3-70所示，弹出"压缩图片"对话框，如图3-71所示。

　　如果在"压缩图片"对话框中选中"仅应用于此图片"，那么该压缩命令仅对当前选中的图片有效，如果取消选中该复选框，则压缩命令对当前文档中所有图片有效。

　　(2) 设置图片的艺术效果。设置图片的艺术效果是 Word 2010 新增的功能，此功能可以使图片具有特殊的艺术效果，使用户不使用专业图形图像处理软件也能制作出艺术图片。选中图片后，单击"调整"工具组中的"艺术效果"按钮，在弹出列表中即可选择艺术效果的样式，如图3-72所示。

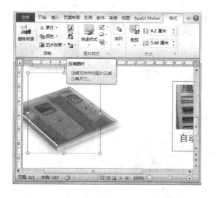

图3-70　执行"压缩图片"命令

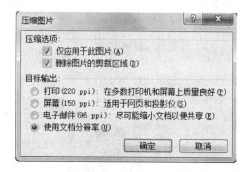

图3-71　"压缩图片"对话框

图3-72　设置图片艺术效果

3.5.3　在文档中插入形状

在 Word 编辑过程中，经常遇到需要使用一些图形或符号来表示一些东西的情况，这样既能让文章整体看起来图文并茂，也能够让读者快速地理解作者要表达的意思。那么该如何插入这些特殊图形呢？接下来从以下三个方面介绍形状的操作：

（1）在文档中间插入爆炸形形状。

（2）对插入的图形进行格式设置。

（3）在所插入图形上输入文字。

1. 插入形状

在 Word 2010 文档中，用户可以根据需要插入现成的形状，如矩形、圆、箭头、线条、流程图符号、标注等类型。这里为突出强调，选择多角形，方法是单击"插入"工具组中的"形状"按钮，在探出的列表中选择要绘制的图形，切换为绘制状态，如图 3－73 所示。

图 3－73　选择要绘制的图形

拖动鼠标在文档中绘制形状大小即可，如图 3－74 所示。

图 3－74　绘制图形

　　在绘制图形时，按住 Shift 键拖动"椭圆""矩形"以及"直线"绘图工具，可以分别画出正圆形、正方形以及水平或垂直直线。按住 Ctrl 键时，则可以以鼠标为中心开始绘制图形。

　　使用上面介绍的方法，能够在文档中绘制具有固定外形的形状。如果在"形状"列表中单击"线条"列表中的"自由曲线"按钮，鼠标会变为铅笔形状，拖动鼠标即可在文档中绘制自由形状；单击"任意多边形"按钮，可以绘制任意的封闭多边形形状；单击"曲线"按钮，可以绘制弧形曲线。

2. 编辑形状

　　和创建图片对象相同，当用户绘制完图形后，即可对创建的自选图形进行编辑。编辑自选图形的方法和编辑图片对象有很多相似的地方，如图形的大小、图形的排列方式等。

　　（1）设置图形样式。Word 2010 为自选图形预设了一组十分美观漂亮的形状样式，可以快速更改自选图形的外观效果，如图 3 - 75 所示。

图 3 - 75　使用内置的形状样式

　　除此之外，用户可通过设定"形状填充"、"形状轮廓"、"形状效果"来自定义形状样式。

　　（2）在图形中添加文字。大多数自选图形允许用户在其内部添加文字，方法是右击图形，在弹出的快捷菜单中选择"添加文字"命令，输入文字即可，如图 3 - 76 所示。

图 3－76　执行"添加文字"命令

　　在图形中添加了文字后，可以利用"开始"选项卡"字体"工具组中的按钮来设置图形中文字的格式，最终效果如图 3－77 所示。

图 3－77　插入文字效果

　　（3）对齐形状。在绘制了多个形状后，如果需要按照某种标准将形状对齐，则可以通过"对齐"的方式实现，方法是选中要对齐的图形，单击"排列"工具组中的"对齐"按钮，在列表中选择对齐方式即可，如图 3－78 所示。

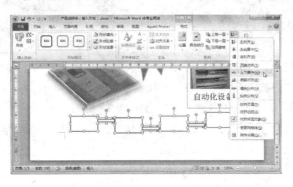

图 3－78　选择对齐方式

（4）组合形状。使用组合功能可以将多张图片组合成一个对象，以便作为单个对象进行处理，操作方法是选中要进行组合的图形，单击"排列"工具组中的"组合"按钮，在弹出的列表中单击"组合"，如图 3 - 79 所示。

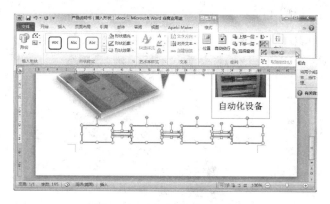

图 3 - 79　执行"组合"命令

3.5.4　插入艺术字

有时需要在 Word 中插入非常大的字体，而且字体可以有不同的样式和格式，这种要求在 Word 的"字体"中已不能达到，这时就需要使用 Word 中的"艺术字"功能。下面就介绍 Word 2010 中怎样使用艺术字。

1. 插入艺术字

为了美化文档，常常需要在文档中插入一些艺术字。创建艺术字实际上就是插入图片中的一种。在 Word 文档中选中标题文本，在"插入"选项卡中单击"艺术字"按钮，在弹出的下拉列表中提供了多种艺术字样式，从中选择一种样式，然后输入文字即可，如图 3 - 80 所示。

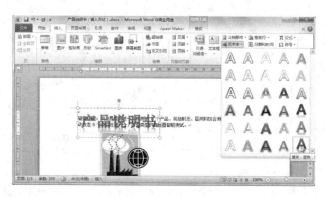

图 3 - 80　插入艺术字

2. 编辑艺术字

输入艺术字后，也可以利用"格式"选项卡中的"艺术字样式"工具组中的工具对艺术字进行编辑，以达到更美观的效果。

（1）设置文本填充效果。单击"艺术字样式"工具组中的"文本填充"按钮，设置填充颜色、填充效果。

（2）设置文本轮廓样式。单击"艺术字样式"工具组中的"文本轮廓"按钮，设置轮廓颜色、粗细、虚实等。

（3）更改文本效果。单击"文本效果"按钮，在弹出的下拉列表中选择要改变的样式，如图 3－81 所示。

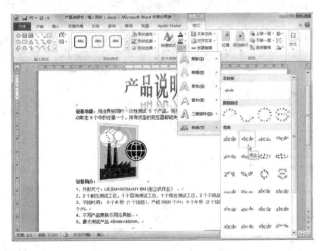

图 3－81　　设置艺术字文本效果

其他如图片位置、文字环绕方式等设置与图片的方法相同。

3.5.5　使用文本框

Word 作为常用的办公软件，在正常的编辑工具中有时很难满足排版需要，这时建立文本框就可以轻松地移动文本框，从而满足文字的移动需求，无论是横排还是竖排都可以轻松应对。下面详细介绍文本框的使用方法。

1．手动绘制文本框

如果内置样式的文本框不能满足排版需要，则可以手动绘制空白的文本框，具体操作方法是单击"文本框"按钮，在弹出的列表中选择"绘制文本框"命令，如图 3－82 所示，按住鼠标左键拖动即可绘制文本框。

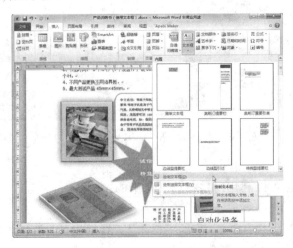

图 3－82　　执行"绘制文本框命令"

2．编辑文本框

创建文本框后需要对其进行编辑操作，以满足图文混排的需要。

（1）设置文本框中的文字方向。Word 2010 为用户提供了 5 种文字方向，设置方法是单击"文本"工具组中的"文本方向"按钮，在列表中选择相应的文字方向即可，如图 3-83 所示。

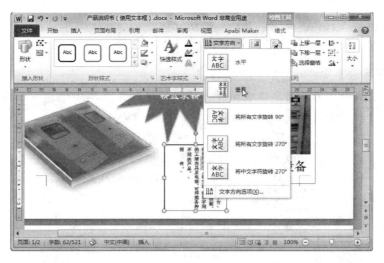

图 3-83　设置文本框内文字方向

（2）设置文本对齐方式。单击"形状样式"工具组中的"对齐文本"按钮，在弹出的列表中选择对齐方式即可。

（3）设置文本框形状。默认状态下，插入的文本框为横排或竖排的矩形，如果要更改其形状，只需要单击"插入形状"工具组中的"编辑形状"按钮，在列表中选择要改变的形状即可，如图 3-84 所示。

图 3-84　更改文本框形状

3.6　文档的高级应用

3.6.1　使用样式与模板

样式是经过特殊打包的格式的集合，包括字体类型、字体大小、字体颜色、对齐方式、制表位和边距等。

1. 创建样式

在编辑长文档时，为了满足格式编排的需要，可以在文档中创建一个或多个样式。创建样式时，可以创建快速样式，也可以使用对话框创建样式。

（1）创建快速样式。在创建样式时，可以将设置了各种字符格式和段落格式的文本保存为新的快速样式，方法是单击"样式"工具组样式框右下角的"其他"按钮，单击"将所选内容保存为新快速样式"命令，如图 3-85 所示。在弹出的对话框中输入新样式的名称，单击"确定"按钮即可，如图 3-86 所示。

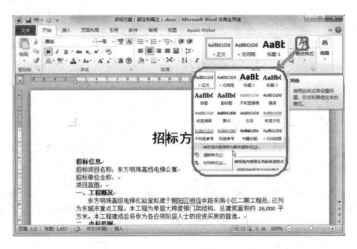

图 3-85　执行创建样式命令

图 3-86　设置新样式名称

经过上述操作后，即可在"样式"框中查看新创建的样式。

（2）使用对话框创建样式。使用对话框创建样式可更换后续段落的样式，定义该样式的快捷键，把新样式复制到文档的模板。操作方法是单击"样式"工具组右下角的样式对话框启动器，在弹出的"样式"面板中单击"新建样式"按钮，如图 3-87 所示。

图 3-87　执行"新建样式"命令

在弹出的对话框中设置新建样式的属性后单击"确定"按钮，完成新样式的创建，如图 3-88 所示。

图 3-88　设置新建样式属性

2. 使用样式

（1）使用"快速样式"列表。选择文档中要应用样式的内容，单击样式列表中需要应用的样式即可，如图 3-89 所示。

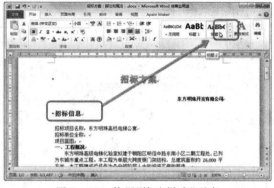

图 3-89　使用"快速样式"列表

（2）使用"样式"面板。单击"样式"工具组右下角的对话框启动器，在弹出的"样式"面板中选择要应用的样式即可。

（3）使用"样式集"。单击"样式"工具组中的"更改样式"按钮，在弹出的列表中选择"样式"中所列样式即可，如图3-90所示。

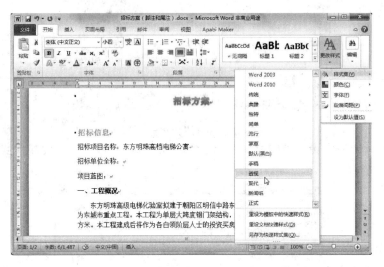

图3-90   使用"样式集"

3．删除样式

当不需要某个样式时，可以在"样式"任务窗格中删除样式，文档中被删除的样式都将变为正文样式。用户只能删除用户设置的样式，不能删除 Word 自带的样式。删除样式的具体方法为右击要删除的样式名称，在弹出的快捷菜单中选择"从快速样式库中删除"命令即可，如图3-91所示。

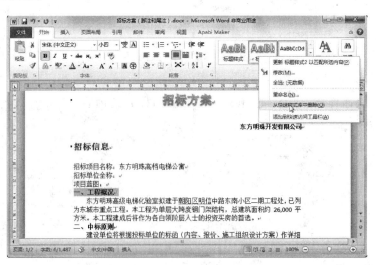

图3-91   删除样式

4．模板的应用

模板就是将各种类型的文档预先编排成一种"文档框架"，其中包含了一些固定的文字内容以及所要使用的样式等。用户可以将创建的样式保存到模板中，从而使所有使用该模板创建的文档都可以应用该样式，这样既可以提高工作效率，又可以统一文档风格。

　　Word 2010 自带了多个预设的模板，如传真、简历、报告等，这些模板都具有特定的格式，创建后对文字稍加修改就可以作为自己的文档来使用。具体操作方法是单击"文件"按钮，打开"文件"菜单，单击"新建"命令，打开新建面板，如图 3-92 所示。

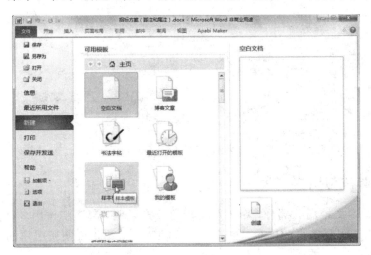

图 3-92　新近文档

单击列表中的模板类型，单击"创建"按钮，完成模板的创建，如图 3-93 所示。

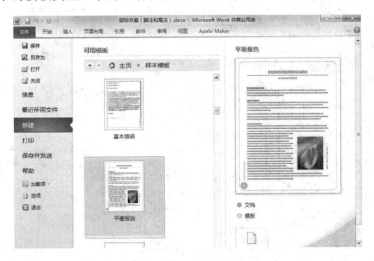

图 3-93　选择模板

5. 将现有文档保存为模板

　　创建模板最简单的方法就是将现有的文档作为模板来保存，该文档中的字符样式、段落样式、表格、图形、页面边框等元素都会同时保存在该模板中。将现有文档保存为模板的操作方法为：单击"文件"按钮，打开"文件"菜单，单击"另存为"命令，在弹出的另存为对话框中输入要保存的模板名称，并将"保存类型"设置为"Word 模板"类型，然后单击"保存"即可，如图 3-94 所示。

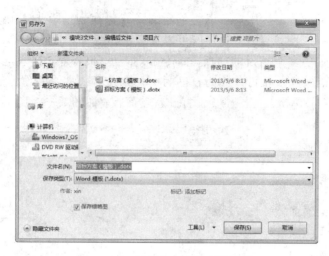

图 3-94   将现有文档保存为模板

3.6.2   使用脚注与尾注

脚注和尾注是文档的一部分，用于对文档的补充说明，起注释作用。一般来说，脚注放在本页底部，用于解释本页的内容，尾注放在文档末尾，用于说明所引用的文献来源。

1. 插入脚注

脚注和尾注都由两部分组成：一部分是文档中的注释引用标记，另一部分是注释的具体内容。插入脚注的方法是：单击要插入脚注的位置，定位插入点，然后单击"脚注"工具组中的"插入脚注"按钮，如图 3-95 所示，在页面底端输入脚注文字即可。

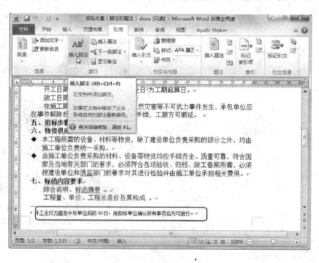

图 3-95   插入脚注

2. 插入尾注

插入尾注的方法与插入脚注的方法类似，不再详述。

3.6.3   插入目录

一般情况下，出版物中都有一个目录，目录中包含书刊中的章、节、页码等信息，为用户浏览、查阅书刊内容提供了方便。

文档目录是文档中标题的列表，通过目录可以浏览文档中讨论了哪些主题。利用 Word 中的菜单命令可以自动创建文档目录，文档中的目录都以超链接的形式显示，用户只需单击目录中的标题，即可跳转到文档中相应的位置。

1. 插入目录

（1）将光标定位到要插入目录的位置。

（2）在"引用"选项卡的"目录"组中单击 按钮，在打开的下拉列表中选择一种目录格式，如图 3-96 所示，则在指定的位置生成目录，结果如图 3-97 所示。

图 3-96　选择目录格式

图 3-97　生成的目录

2. 更新目录

如果添加完目录之后，又对文档进行了修改，则可以在修改完成之后，再点击上方功能菜单或直接将光标放置于目录之上，点击右键，在菜单中选择"更新域"，弹出如图 3-98 所示的对话框，然后选择更新的类型。如果只需要更新页码，则选择"只更新页码"，如果文章目录内容发生改变，则选择"更新整个目录"。

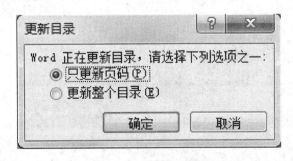

图 3-98　更新目录对话框

3.6.4　邮件合并

邮件合并中应先建立两个文档，一个 Word 包括所有文件共有内容的主文档（比如未填写的信封等）和一个包括变化信息的数据源文件（填写的收件人、发件人、邮编等），然后使用邮件合并功能在主文档中插入变化的信息。合成后的文件用户可以保存为 Word 文档，可以打印出来，也可以以邮件形式发出去。

邮件合并操作的应用领域包括：

（1）批量打印信封。按统一的格式，将电子表格中的邮编、收件人地址和收件人打印出来。

（2）批量打印信件。批量打印信件主要是从电子表格中调用收件人，换一下称呼，信件内容基本固定不变。

（3）批量打印工资条。从电子表格调用数据。

（4）批量打印个人简历。从电子表格中调用不同字段数据，每人一页，对应不同信息。

（5）批量打印学生成绩单。从电子表格成绩中取出个人信息，并设置评语字段，编写不同评语。

（6）批量打印各类获奖证书。在电子表格中设置姓名、获奖名称和等级，在 Word 中设置打印格式，可以打印众多证书。

（7）批量打印准考证、明信片、信封等个人报表。

总之，只要有数据源（电子表格、数据库）等，且是一个标准的二维数表，就可以很方便地按一个记录一页的方式从 Word 中用邮件合并功能打印出来。

下面以统一打印录取通知书为例介绍邮件合并的使用方法。在录取工作中，首先准备好了一份录取通知书（Word 文档）和一份新生录取名单（Excel 文件）。

1. 开始邮件合并

（1）打开"录取通知书"的 Word 文件，切换到"邮件"分组，并在"开始邮件合并"分组中单击"开始邮件合并"按钮，在打开的菜单中选择"邮件合并分步向导"命令，如图 3－99 所示。

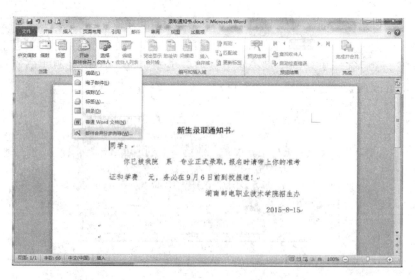

图 3－99　选择"邮件合并分步向导"命令

（2）打开"邮件合并"任务窗格，在"选择文档类型"向导页选中"信函"单选框，并单击"下一步：正在启动文档"超链接，如图 3－100 所示。

图 3-100 选中"信函"单选框

（3）在打开的"选择开始文档"向导页中，选中"使用当前文档"单选框，并单击"下一步：选取收件人"超链接，如图 3-101 所示。

图 3-101 选中"使用当前文档"单选框

（4）打开"选择收件人"向导页，选中"使用现有列表"单选框，并单击"浏览"超链接，如图 3-102 所示。

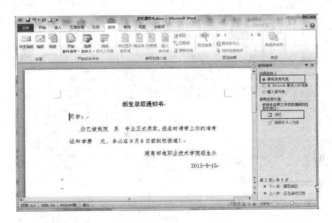

图 3-102 选择"使用现有列表"并单击"浏览"按钮

（5）在弹出的对话框中选择"新生录取名单.xlsx"中的 sheet1，之后就能看到选中的数据，如图 3－103 所示。

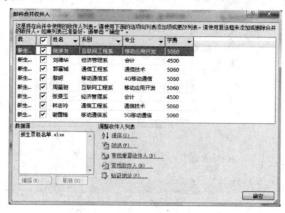

图 3－103　　数据预览

2. 插入合并域

点击"编写和插入域"功能区中的"插入合并域"按钮，分别在文档中的同学、系、专业、学费的位置插入合并域，如图 3－104 所示。

图 3－104　　插入合并域

3. 完成合并

（1）在打开的"预览信函"向导页可以查看信函内容，单击上一个或下一个按钮可以预览其他联系人的信函。确认没有错误后单击"完成并合并"按钮，如图 3－105 所示。

图 3－105　　预览信函

（2）打开"完成并合并"向导页，用户既可以单击"打印文档"超链接开始打印信函，也可以单击"编辑单个文档"超链接针对个别信函进行再编辑，如图 3-106 所示，合并后的文档如图 3-107 所示。

图 3-106　完成并合并

图 3-107　合并后的单个文档

3.6.5　超级链接

平时浏览网页的时候我们会发现超级链接非常方便地将几个不同的页面链接了起来，而 Word 和网页一样也可以插入超链接，而且 Word 超链接能实现文档内部或网络的导航。

1. 插入超级链接

（1）首先选中我们要添加超链接的文字内容，然后用鼠标在文字上面点击右键，在弹出的工具菜单中选择"超链接"选项，如图 3-108 所示，弹出的"插入超链接"对话框如图 3-109 所示。

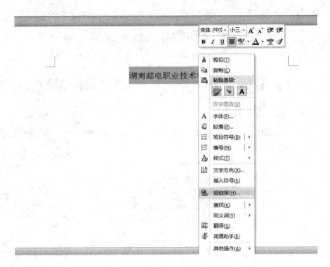

图 3－108　选择"超级链接"

图 3－109　"插入超链接"对话框

（2）在弹出的"插入超链接"对话框中，输入想要添加的超链接。超链接可以是网址，也可以是电脑上的文件等。这里以网站为例，输入完成以后，点击"确定"按钮，如图 3－110所示。

图 3－110　编辑超级链接的目标地址

（3）添加好了超链接以后，把鼠标放到有超链接的文字上，就会看到超级链接的提示了，如图 3－111 所示。按照提示来操作，按住键盘上的"Ctrl"键，再单击文字，就可以打开超链接中的网址了。

http://www.hnydxy.com/
按住 **Ctrl** 并单击可访问链接

湖南邮电职业技术学院

图 3 - 111 超级链接的效果

2. 取消超级链接

如果要删除已经创建好的超级链接，只需要将光标放在已经创建好超级链接的文字上，然后单击鼠标右键，在弹出的快捷菜单中选择"取消超级链接"即可。

习　题

一、填空题

1. 在 Word 文本区的左侧有一个垂直的空白区域，称为（　　　　）。当将光标移动到该区域上时，光标将变为向右倾斜的箭头 ⌐，它的作用就是（　　　　）。

2. 在 Word 2010 中，当选择文本时，文本的右上角将显示一个（　　　　），通过它可以快速地设置基本的文本格式与段落格式。

3. 在 Word 2010 中，段落是指以（　　　　）为标志的一段文字。

4. Word 中的段落缩进有（　　　　）缩进、（　　　　）缩进、左缩进和右缩进 4 种缩进方式。

5. （　　　　）是信息与观点的视觉表达形式，它可以直观地表述出某种综合信息，例如组织结构图、工作流程图、关系图等。

6. （　　　　）是杂志上经常可以看到的文字修饰方式，即文章开头的第一个字格外大，非常醒目，突出了文章的段落内容。

7. 在 Word 中，（　　　　）主要用来控制文档正文与页面边沿之间的空白距离，它的值与文档版心位置、页面所采用的纸张大小等元素紧密相关。

8. 排列方式的效果就是紧密型环绕，但是可以编辑顶点，从而有效地控制文字与图片、剪贴画、图形或艺术字之间的距离。

9. 一般情况下，（　　　　）用于没有层次结构的段落内容，而编号则用于层次结构明显的段落内容。

10. （　　　　）是存放文本、图形的矩形容器。它本身也是一种图形对象，使用它可以实现更加灵活的排版方式。

二、简述题

1. 如何利用选定栏快速选择文本？

2. 怎样利用格式刷复制文本格式？

3. 简述 Word 2010 中的 8 种文字环绕方式。

4. 如何合并与拆分表格中的单元格？

5. 如何设置奇偶页不同的页眉和页脚？

6. 怎样设置剪贴画或图片的大小和角度？

三、操作题

1. 新建一个 Word 文档，利用公式功能输入方程 $ax^2 + bx + c = 0$ 的实根 $\dfrac{-b \pm \sqrt{b^2 - 4ac}}{2a}$。

2. 在文档中插入一个预定大小的"笑脸"形状，然后将其适当放大，并将其轮廓线型设置为虚线、红色，填充色为黄色，并为其添加映像效果。

3. 在文档中分别输入一段中文和一个英文，将两段文字应用不同的对齐方式，并比较"两端对齐"方式的不同之处，然后利用查找、替换功能替换其中的部分内容。

4. 自定义一个样式，名称为"文档的标题样式"，设置文本的字体为黑体，字号为小二，对齐方式为居中对齐，然后对文档中的文字应用样式，观察一下样式效果。

5. 在文档中输入一段文字，将其中的几个文字设置为不同的字体和颜色，然后利用格式复制该格式到其他多处文字上，体验快速复制的便捷之处。

6. 创建一个多页的 Word 文档，为其设置首页、奇偶页不同的页眉和页脚，要求在页脚中插入页码，居右显示，在页眉中插入一个图片作为公司徽标，居中显示。

Excel 电子表格处理软件应用

学习目标

1. 熟悉基本操作
① 创建、编辑和保存文件；
② 输入、编辑和修改数据；
③ 外部数据的导入；
④ 模板的使用；
⑤ 数据保护；
⑥ 数据自动填充。
2. 熟悉格式设置
① 设置工作表的格式：设置单元格、行、列、单元格区域、工作表、自动套用格式等；
② 页面设置；
③ 条件格式；
④ 样式的使用。
3. 掌握数据处理
① 公式的使用；
② 掌握下列函数的使用：SUM（ ）、AVERAGE（ ）、COUNT（）、MAX（ ）、MIN（）、IF（ ）、RANK（）等；
③ 数据的排序、筛选与分类汇总。
4. 掌握数据分析
① 数据透视表；
② 图表处理。

应用情景

　　与王浩同时入职的小张是客服专员。客服专员的岗位职责为：负责客户合同及其他营销文件资料的管理、整理、归纳、建档等。小张经常需要收集和编制与生产、销售、人事、财务等相关数据的资料，还需要对这些数据资料进行统计分析，提炼出有价值的信息，编制数据分析报表或图表，作为公司的相关部门和管理层提供决策的依据。为了更好地完成工作，他决定加强对办公软件的学习，尽快熟悉电子表格软件的使用。

　　Microsoft Excel 是美国微软公司开发的基于 Windows 环境下的电子数据处理系统，广泛应用于办公自动化表格数据处理。使用 Excel，可以通过比以往更多的方法分析、管理和共享信息，从而帮助做出更好、更明智的决策。全新的分析和可视化工具可帮助跟踪和突出显示重要的数据趋势。可以在移动办公时从几乎所有 Web 浏览器或 Smartphone 访问重要数据。甚至可以将文件上传到网站并与其他人同时在线协作。无论是要生成财务报表还是管理个人支出，使用 Excel 都能够更高效、更灵活地实现您的目标。

4.1 初识 Excel 2010

Excel 是微软公司的办公软件 Office 的组件之一，它可以进行各种数据的处理、统计分析和辅助决策操作，广泛地应用于管理、统计财经、金融等众多领域。

4.1.1 Excel 主要功能介绍

Excel 2010 的功能十分强大，不但可以方便地绘制表格，而且具有丰富的公式和数据处理工具，能够进行复杂的数据计算和数据分析，能够让用户节省时间、简化工作并提高工作效率。

1. 编辑表格

Excel 可以根据需要快速、方便地建立各种电子表格，输入各种类型的数据，并且具有比较强大的自动填充功能。

Excel 中每一张工作表就是一个通用的表格，直接向单元格中输入数据，就可以形成现实生活中的各种表格，如学生登记表、考试成绩表、工资表、物价表等；对于表格的编辑也非常方便，可以任意插入和删除表格的行、列或单元格；也可对数据进行字体、大小、颜色、底纹等修饰。

2. 数据管理与分析

Excel 2010 的每一张工作表由 1048576 行和 16384 列组成，行和列交叉处组成单元格，这样大的工作表可以满足大多数数据处理的业务，将数据输入到工作表中以后，可以对数据进行检索、分类、排序、筛选、统计汇总等基本操作。

除此以外，Excel 2010 还提供了包括财务、日期和时间、数学和三角函数、统计、查找与引用、数据库、文本、逻辑、信息等内置函数，可以满足许多领域的数据处理与分析的要求。如果内置函数不能满足需要，还可以使用 Excel 内置的 Visual Basic for Applications（也称作 VBA）建立自定义函数。

另外，Excel 还提供了许多数据分析与辅助决策工具，例如数据透视表、模拟运算表、假设检验、方差分析、移动平均、指数平滑、回归分析、规划求解、多方案管理分析等工具。利用这些工具，不需掌握很深的数学计算方法，不需了解具体的求解技术细节，更不需编写程序，就可以完成复杂的求解过程，得到相应的分析结果。

3. 制作图表

图表能直观地表示数据间的复杂关系，通过图表，可以直观地显示出数据的众多特征，例如数据的最大值、最小值、发展变化趋势、集中程度和离散程度等都可以在图表中直接反映出来。

Excel 2010 具有很强的图表处理功能，提供多种图表形式，可以方便地将工作表中的有关数据制作成专业化的图表，如条形图、气泡图、柱形图、折线图、散点图、股价图以及多种复合图表和三维图表。同一组数据可以用不同类型图表表示，并且可以任意编辑图表标题、坐标轴、网络线、图例、数据标志、背景等项目，从而获得最佳的外观效果。Excel 还能够自动建立数据与图表的联系，当数据增加或删除时，图表可以随数据变化而方便地更新。

4. 数据网上共享

Excel 具有强大的 Web 功能，将 Excel 工作簿保存为 Web 网页，可以创建超级链接获取互联网上的共享数据，也可将自己的工作簿设置成共享文件，保存在互联网的共享网站中，供网络用户分享数据。

4.1.2　Excel 2010 启动与退出

与启动 Word 2010 一样，启动 Excel 2010 也有两种方法：一是通过"开始"菜单；二是通过快捷方式图标。

方法一：单击桌面左下角的"开始"按钮打开"开始"菜单，然后依次单击"所有程序"/"Microsoft Office"/"Microsoft Excel 2010"命令，如图 4 - 1 所示，就可以启动 Excel 2010 应用程序，进入编辑状态。

图 4 - 1　启动 Excel 2010 应用程序

方法二：如果在桌面上创建了"Microsoft Excel 2010"的快捷方式，可以双击该快捷方式图标，快速启动 Excel 2010 应用程序。

在工作完成后需要退出 Excel，退出时可采用以下方法：

方法一：单击标题栏右侧的"关闭"按钮 ❎ 。

方法二：使用键盘上的 Alt＋F4 组合键。

方法三：切换到"文件"选项卡，然后单击"关闭"命令，如图 4 - 2 所示。

图 4 - 2　执行"关闭"命令

4.1.3 Excel 2010 界面组成

启动 Excel 以后，可以看到 Excel 的工作窗口与 Word 工作窗口很相似，很多组成部分的功能和用法与 Word 完全一样，所以不再赘述。

下面针对 Excel 2010 特有的组成部分进行介绍，主要包括：编辑栏、行号与列标、工作表标签、单元格等，如图 4－3 所示。

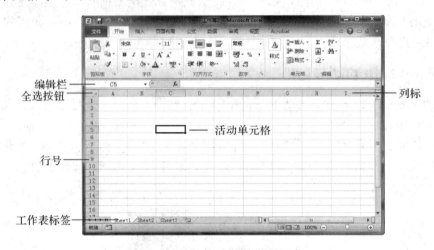

图 4－3 Excel 2010 的界面组成

1. 编辑栏

编辑栏是 Excel 特有的工具栏，主要由两部分组成：名称框和编辑框。

左侧的名称框用于显示当前单元格的名称或单元格地址。如图 4－4 所示，名称框中显示的是单元格区域的名称；如图 4－5 所示，名称框中显示的是当前单元格的地址。

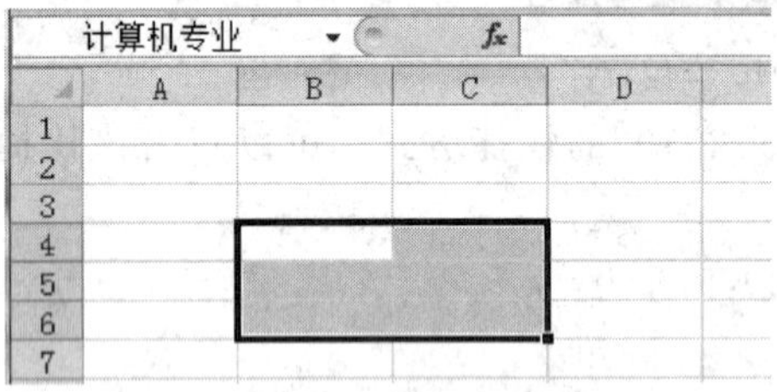

图 4－4 显示单元格名称   图 4－5 显示单元格地址

编辑框位于名称框右侧，用户可以在其中输入单元格的内容，也可以编辑各种复杂的公式或函数。如图 4－6 所示，编辑框中输入的是文字；如图 4－7 所示，编辑框中输入的是公式。

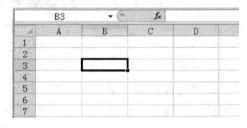

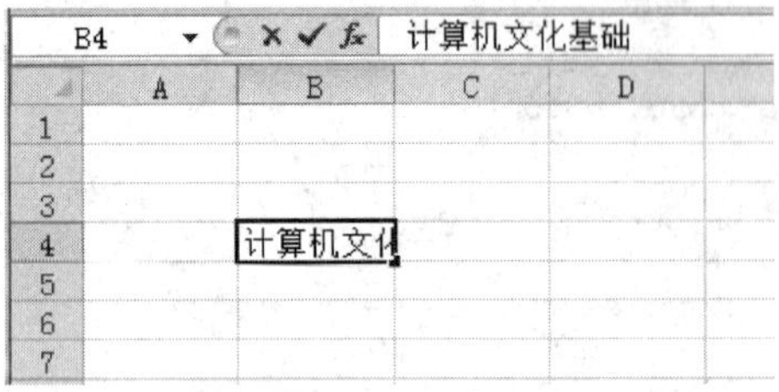

图 4－6 编辑框中输入的是文字 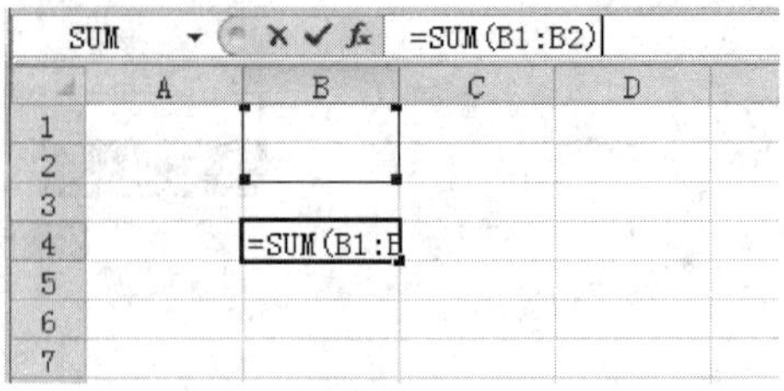   图 4－7 编辑框输入的是公式

此外，编辑栏中还有三个按钮，分别是"取消"按钮 ✗、"输入"按钮 ✓、"插入函数"按钮 *fx*。如果数据输入不正确，可以单击 ✗ 按钮来取消输入的数据；如果数据输入正确，则单击 ✓ 按钮来确认输入的数据；而单击 *fx* 按钮则可以插入函数。

2. 全选按钮

全选按钮位于表格行号和列标的交叉单元格 ◢，单击该按钮，可以选择工作表中的所有单元格。

3. 行号与列标

工作表是一个由若干行与列交叉构成的表格，每一行与每一列都有一个单独的标号来标识，用于标识行的称为行号，由阿拉伯数字表示；用于标识列的称为列标，由英文字母表示。

按住 Ctrl 键的同时按下方向键 ↓，可以观察到工作表的最后一行；按住 Ctrl 键的同时按下方向键 →，可以观察到工作表的最后一列。

4. 工作表标签

在 Excel 中要区分工作簿、工作表与单元格之间的关系。一个 Excel 文件就是一个工作簿，一个工作簿可以由多个工作表构成，默认情况下，一个工作簿中包含 3 个工作表，而单元格是构成工作表的最小单元。

在工作簿中，每一个工作表都有自己的名称，默认名称为 Sheet1、Sheet2、Sheet3……，显示在工作界面的左下角，称为"工作表标签"，单击它可以在不同的工作表之间进行切换。

5. 活动单元格

当前正在使用的单元格称为"活动单元格"，外观上显示一个明显的黑框。单击某个单元格，它便成为活动单元格，可以向活动单元格内输入数据。活动单元格的地址显示在名称框中。

4.1.4　Excel 的基本要素

学习 Excel 之前必须要搞清几个概念以及它们之间的关系，即工作簿与工作表、单元格与单元格地址、单元格区域等。

1. 工作簿

工作簿（Book）以文件的形式存放在计算机的外存器中，每一个 Excel 文档就是一个工作簿。启动 Excel 时会自动创建一个名称为"工作簿 1"的文件，用户可以在保存文件时重新命名。

也就是说，一个工作簿对应于一个磁盘文件，默认名称为"工作簿 1"，文件扩展名为 .xlsx。这里提示一下，Excel 2003 及以前版本，其文件的扩展名为 .xls。

2. 工作表

工作簿相当于一个账册，工作表（Sheet）相当于账册中的一页。默认情况下，每一个工作簿中包含 3 个工作表，其名称分别为 Sheet1、Sheet2、Sheet3，其中 Sheet1 的工作表标签为白色，表示它是活动工作表，即当前处于操作状态的工作表。

一个工作簿中理论上可以包含无数个工作表。工作表是由行和列组成的，最多可以包含 16384 列，1048576 行，列号用 A、B、C、…、Z、AA、AB、…、XFD 表示，行号用数字 1、2、3、…、1048576 表示。

3. 单元格与单元格地址

Excel 工作表中行和列交叉形成的每个格子称为"单元格"。单元格是构成工作表的基本单位，是 Excel 中的最小"存储单元"，用户输入的数据就保存在单元格中，这些数据可以是字符串、数字、公式等内容。

每一个单元格通过"列标＋行号"来表示单元格的位置。例如，A1 表示第 A 列第 1 行的单元格，我们称 A1 为该单元格的地址。

单元格地址有多种表示方法：

- ❖ B2　　　　　表示第 B 列第 2 行的单元格。
- ❖ A3：A9　　　表示第 A 列第 3 行到第 9 行之间的单元格区域。
- ❖ B2：F2　　　表示在第 2 行中第 B 列到第 F 列之间的单元格区域。
- ❖ 5：5　　　　表示第 5 行中的全部单元格。
- ❖ E：E　　　　表示第 E 列中的全部单元格。
- ❖ 2：6　　　　表示第 2 行到第 6 行之间的全部单元格。
- ❖ E：H　　　　表示第 E 列到第 H 列之间的全部单元格。
- ❖ B3：E10　　 表示第 B 列第 3 行到第 E 列第 10 行之间的单元格区域。

每一个单元格都对应一个固定的地址，当前被选择的单元格称为"活动单元格"，如果选择了多个单元格，则反白显示的单元格为"活动单元格"。

4. 工作簿、工作表、单元格三者之间的关系

在 Excel 中，工作簿、工作表、单元格三者之间的关系是包含关系，一个 Excel 文档就是一个工作簿，但是工作簿中包含一个或多个工作表（不能没有工作表）；而单元格是组成工作表的最小单位，用于输入、显示和计算数据，当我们操作 Excel 时，直接与单元格打交道。工作簿、工作表、单元格三者之间的关系如图 4－8 所示。

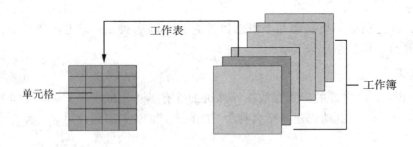

图 4－8　工作簿、工作表、单元格之间的关系

5. 单元格区域

为了操作方便，Excel 引入了"单元格区域"的概念。单元格区域是由多个单元格组成的矩形区域，常用左上角、右下角单元格的名称来标识，中间用"："间隔。例如单元格区域"A1：B3"，表示的范围为 A1、B1、A2、B2、A3、B3 共 6 个单元格组成的矩形区域，如图 4－9所示。

如果需要对很多单元格区域进行同一操作，可以将这一系列区域定义为数据系列，由"，"隔开，例如区域"A1：B3，C4：D5"表示的区域包括 A1、B1、A2、B2、A3、B3、C4、D4、C5、D5 共 10 个单元格组成，如图 4 - 10 所示。

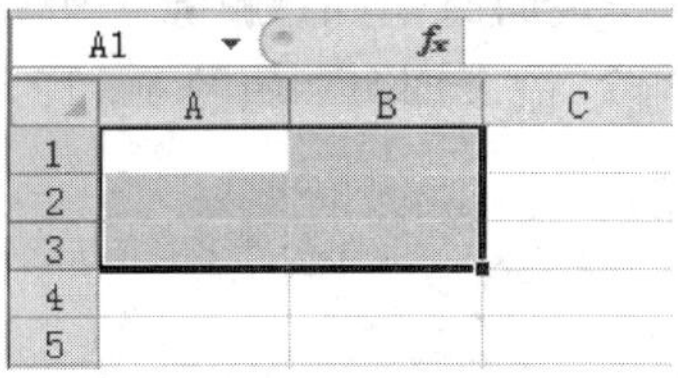

图 4 - 9　单元格区域"A1：B3" 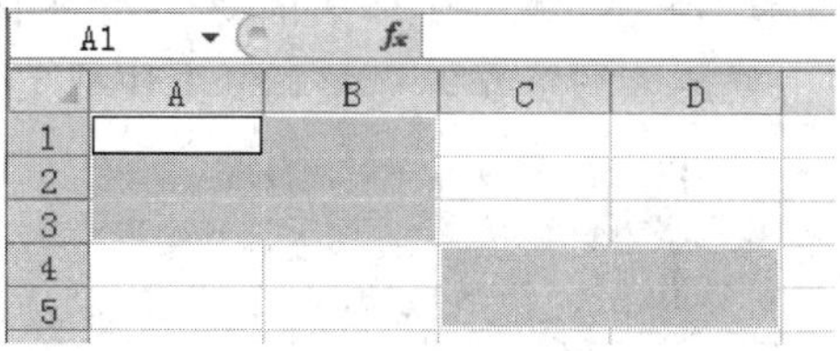　　　图 4 - 10　单元格区域"A1：B3，C4：D5"

4.2　Excel 的基本操作

4.2.1　在单元格中输入数据

在 Excel 中输入数据的方法并不复杂，但很多人也可能把问题想简单化了，其实在 Excel中输入数据是有讲究的。Excel 中的数据类型通常有数值型数据、文本型数据、日期型数据和逻辑值数据。如何才能在 Excel 中正确的输入数据呢？接下来以完成一个"超市销售统计表"为例介绍如何在 Excel 中输入数据。具体任务如下：

（1）新建一个工作表，表名为"西西超市销售统计表"。

（2）在表中按要求输入文本和数据。

（3）增加标题栏"上半年销售统计"，并设置为居中对齐。

1. 管理工作簿中的工作表

工作簿由工作表组成，当用户新建工作簿后，可以根据需要对工作表进行操作，如新建和删除、重命名、移动和复制等。

（1）插入和删除工作表。启动 Excel 2010 后，默认的工作表有 3 张，用户可以根据需要手动添加或删除工作表，也可以实现预设新工作簿中的工作表数。

① 在工作簿中插入新的工作表。单击工作表标签右侧的"插入工作表"按钮可实现快速插入，如图 4 - 11 所示。

图 4 - 11　插入新的工作表

　　另一种插入工作表的方法是在工作表标签上右击，在弹出的快捷菜单中单击"插入"命令，如图4-12所示，在弹出的对话框中选择"工作表"后单击"确定"按钮，即可插入新的工作表。

　　② 删除工作表。删除工作表时该工作表中的内容也会被同时删除。删除工作表的具体操作是右击要删除的工作表标签，单击快捷菜单中的"删除"命令即可，如图4-12所示。

图4-12　对工作表的操作

　　在此，删除Sheet3，只保留Sheet1和Sheet2。

　　（2）为工作表重命名。Excel 2010在建立一个新的工作簿时，工作表名以Sheet1、Sheet2、Sheet3…的方法命名，当一个工作簿包含多个工作表时，为了便于区分工作表的内容，可以对每个工作表进行重命名，具体操作方法是：右击要重新命名的工作表，在弹出的快捷菜单中单击"重命名"命令，也可以直接在工作表的名字位置双击，然后重新输入新的名字。

　　在此，将Sheet1工作表名改为"西西超市销售统计"。

　　（3）移动和复制工作表。右击要进行移动或复制的工作表，在弹出的快捷菜单中选择"移动或复制工作表"对话框。在弹出的对话框中选择工作表要移动或复制到的位置，单击"确定"按钮即可，如图4-13所示。

图4-13　"移动或复制工作表"对话框

如果在对话框中选中"建立副本"复选框，执行的是复制工作表的操作；不选中该复选框，执行的是移动工作表的操作。在"工作簿"列表中选择其他工作表名称，可以将选中的工作表移动复制到其他的工作簿。

2. 输入数据

（1）选择单元格。Excel 2010 的活动单元格只有一个，要在单元格中录入数据，首先应该使其成为活动单元格。单击要选择的单元格或按住鼠标左键拖动可以选择单个单元格或单元格数据。

（2）录入文本。Excel 2010 中的文本包括字母、符号、汉字和其他的一些字符。录入文本可先切换到合适的输入法，然后选择要输入文本的单元格，输入完文本后按 Enter 键确认并定位到下一个待输入内容的单元格。

首先录入标题行："类别"、"月份"、"销售区间"、"销售额"，然后录入"针纺品类""一月""服装区"，如图 4-14 所示。

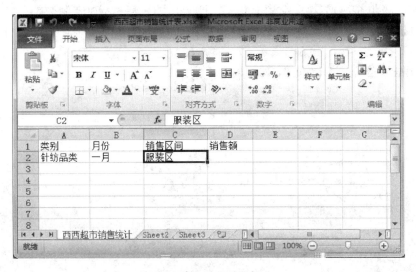

图 4-14　录入数据

　　　默认情况下，当在单元格中输入大段文字时，输入的文字是以程序的窗口宽度进行显示的，也就是说文字不会自动换行，只有文字的长度达到右侧窗口才会换到下一行，这样的单元格看起来非常不美观。为了使表格看起来美观并符合要求，可以将单元格设置为"自动换行"的格式。单击放置大段文本的单元格，单击"对齐方式"工具组中的"自动换行"按钮即可。

（3）录入数据。此处值是录入由 0～9 组成的数值，这里需要录入的是统计表中的销售额。录入方法是选择要输入文本的单元格，通过数字小键盘或主键盘区上的数字键输入数值。输入完后按 Enter 键确认并定位到下一个待输入内容的单元格。

> 　　在 Excel 2010 中录入全部由数值组成的文本型数据时，不能按照常规的方法录入，而是应该先输入一个英文状态下的单引号，再输入数值。如身份证号码、电话号码，都是文本型数值数据。输入数据后，在单元格的左上角会显示绿色标记。
>
> 　　文本型数值数据和数值型的数据在单元格中的水平对齐方式有明显区别，默认情况下，文本型的数据在单元格中左对齐，而数值型的为右对齐，如果数据过大，会自动以科学计数法进行显示。

3. 快速填充数据

（1）复制填充数据。如果要在连续的单元格区域内输入相同的内容，可以使用鼠标拖动自动填充柄来填充数据。"自动填充柄"是 Excel 中快速输入和复制数据的重要工具，当鼠标指针位于单元格右下角时，鼠标指针会呈"＋"，此时拖动鼠标向上下左右都可以快速填充数据。

这里首先填充"针纺织品类"，如图 4-15 所示。

图 4-15　复制填充数据

用同样的方法填充"服装区"。

（2）使用填充柄填充"序列"。在 Excel 中，"序列"是指一些有规律的数字，如文本中的日期系列，数字系列中的数值系列。同复制填充数据相同，都是通过拖动填充柄实现。

这里填充销售的月份，使其自然增加，如图 4-16 所示。

图 4-16　填充序列

4．复制、移动、删除数据

拖动鼠标选择要进行复制岛单元格区域，然后按 Ctrl＋C 快捷键（或单击"剪贴板"工具组中的"复制"按钮），再单击存放数据的目标位置，按 Ctrl＋V 快捷键即可实现复制。

本例中，用填充方式输入体育器材类，然后复制粘贴月份，如图 4－17 所示。

图 4－17　复制粘贴数据

移动数据的操作方式与复制数据的方式类似，只不过移动数据使用的是"剪切"命令。

删除单元格数据只需要先选择要删除数据的单元格，然后按 Delete 键即可。

5．查找和替换数据

Excel 2010 具有与 Word 2010 同样的查找与替换数据的功能，此功能可以对表格中的数据进行统一的修改，起到节约时间和避免遗漏数据的作用。

6．编辑单元格

（1）插入和删除单元格。如果需要插入或删除单元格，首先将该单元格选中，然后右击鼠标，在弹出的下拉菜单中执行"插入"或"删除"命令，在弹出的对话框中进行相应的设置即可。

（2）插入行或列。选中要插入位置的行或列后单击鼠标右键，在弹出的快捷菜单中选中"插入"命令即可。

这里在标题行上插入一行，如图 4－18 所示。

图 4－18　插入行

当选择多行或多列进行插入时，插入的行列数与选择的行列数一致。

7. 合并和拆分单元格

在输入数据的过程中，碰到输入标题等内容时需要合并单元格以突显标题的重要性，在"开始"选项卡中单击"合并后居中"旁的下三角，在其下拉列表中包括 4 种合并或拆分单元格的选项，即合并后居中、跨越居中、合并单元格和取消合并单元格。这里为了突显标题，选中 A1：A5 单元格，然后选择"合并后居中"，效果如图 4 - 19 所示。

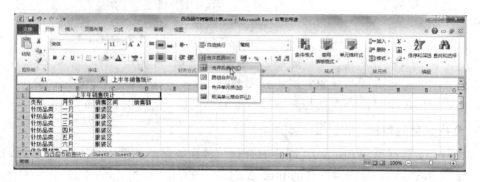

图 4 - 19　合并单元格

对于合并后的单元格如果想要拆分单元格，只需选择某个合并后的单元格，点击"合并后居中"按钮则完成拆分单元格的操作。

4.2.2　对表格进行格式化

前面创建的工作表在外观上是平淡的，千篇一律的字体，单一的颜色，标题之类的文字不够醒目和突出等。因此要创造一个醒目、美观的工作表就要对工作表进行格式化。工作表的格式化包括数字格式、对齐方式、字体设置、边框格式等，接下来对表格完成以下格式化操作：

（1）设置标题栏文字字体为黑体、24 号、加粗的格式。

（2）设置"销售额"列中的数据格式为"会计数字格式"。

（3）使表头文字居中对齐。

（4）设置表格数据部分行高为 24。

（5）为表格数据部分添加边框，内线为细线，外边框为粗线，并为表头设置灰色底纹。

（6）使用系统自带的单元格样式为单元格设置填充色、边框色和字体格式等。

1. 设置字体格式

在"开始"选项卡的"字体"工具组中包含了字体格式设置的基本按钮，使用这些工具按钮即可对表格中的文字进行设置，方法与 Word 中字体的设置方法一致。

这里将标题设置为黑体、24 号、加粗的格式，如图 4 - 20 所示。

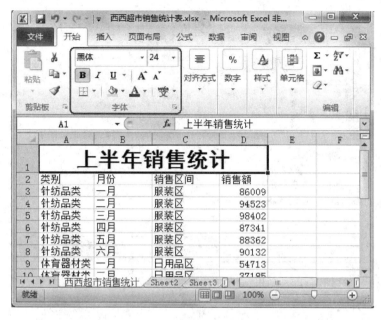

图 4-20　设置标题字体格式

2. 设置数字格式

在日常工作中，尤其是在处理财务数据方面，常常需要用到精确度高的数值或会计专用形式等类型的数据，如添加货币符号、设置千位分隔符、百分比符号等。

这里将销售额设置为中文会计数字格式，具体操作方法是首先选中要设置格式的单元格，单击"数字"工具组中"会计数字格式"按钮，单击选择列表中的"中文（中国）"选项，最终效果如图 4-21 所示。

图 4-21　设置数字格式

选择单元格后，单击"数字"工具组右下角的扩展按钮，在弹出的"设置单元格格式"对话框中切换到"数字"选项卡，可以设置更多的数字格式，如图 4-22 所示。

图 4 - 22　利用"设置单元格格式"对话框设置数字格式

3. 设置对齐方式

在"对齐方式"工具组中包含了一些常用的对齐方式按钮，利用这些按钮可以直接为工作表的单元格设置对齐方式。以设置标题行居中为例，首先选中标题行，然后单击"对齐方式"工具组中的"居中对齐"按钮，可使标题文字在单元格中居中对齐，如图 4 - 23 所示。

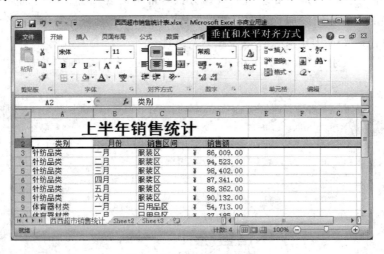

图 4 - 23　设置对齐方式

4. 设置行高和列宽

（1）拖动鼠标调整。将鼠标指针指向要改变的行高（列宽）之间的分割线上，此时鼠标指针变成"↕"（或"↔"）形状的双向箭头，按住鼠标左键不放上下（或左右）拖动，达到适合的位置后释放鼠标即可。

（2）自动调整。利用自动调整功能可以将行高或列宽设置为单元格中内容相适应的大小，操作方法是单击"单元格"工具组中的"格式"按钮，单击列表中的"自动调整行高"或"自动调整列宽"按钮即可。

自动调整表中列的列宽，如图 4 - 24 所示。

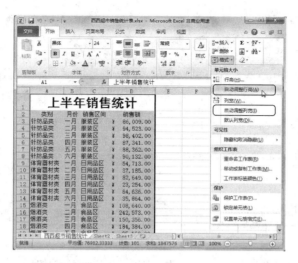

图 4-24　自动调整列宽

（3）精确调整。选中需要精确调整的行或列，右击，在弹出的快捷菜单中选择"行高"或"列宽"，在弹出的对话框中设置具体值即可。

精确调整表中行的行高，使其行高均为 24，如图 4-25 所示。

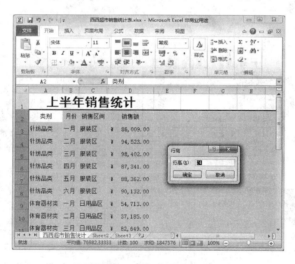

图 4-25　精确调整行高

5. 添加边框和底纹

在 Excel 中，虽然能够看到表格框线，但这些框线是虚拟的，打印时并不会打印出来，如果要将表格的边框和数据一起打印出来，就需要为表格区域设置边框和底纹，这样既可以美化工作表，又能方便数据显示。

（1）添加边框。为表格数据部分添加粗外线边框、细内线边框，方法是选择要添加边框的表格范围后，打开"设置单元格格式"对话框，单击"边框"选项卡，单击线条样式列表中的粗线样式，再单击"预设"列表中的"外边框"按钮，单击线条样式列表中的细线样式，再单击"预设"列表中的"内部"按钮，如图 4-26 所示。单击"确定"按钮即可为单元格设置边框。

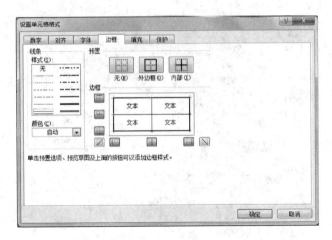

图 4-26　设置边框

（2）添加底纹。如要为标题栏添加灰色底纹，首先选中标题栏，然后单击"字体"工具组中的"填充颜色"按钮，在弹出的列表中选择需要的颜色即可，如图 4-27 所示。

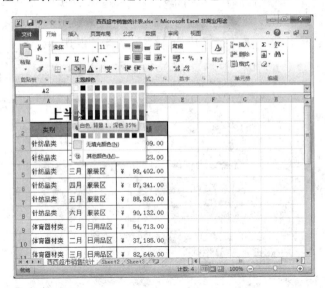

图 4-27　添加底纹

也可使用"设置单元格格式"对话框中的"填充"选项卡为表格区域设置底纹。

6. 套用表格样式

使用套用表格格式：可以为数据区域套用表格格式，设置的格式包括边框和底纹、文字格式、文字的对齐方式等。套用表格格式后列标题将自动出现筛选标记，方便对数据区域的数据进行筛选。还可以利用"表工具"下的"设计"选项卡对表格格式进行重新设计。套用表格格式的操作方法如下：

单击"样式"工具组中的"套用表格样式"按钮，单击样式列表中需要的表格格式，如图 4-28 所示。此时会弹出一个"表数据的来源"确认对话框，同时在表中用虚线框起要套用格式的单元格。单击确定按钮即可实现表格格式套用。

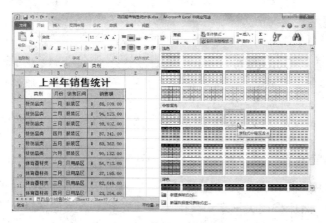

图 4-28　套用表格格式

　　为表格套用表格格式后，除了应用选择的表格样式外，在每列的列标题右侧会添加筛选按钮，通过单击筛选按钮，再设置筛选选项，即可对表格中的数据进行筛选查看。

4.3　数据统计与分析

4.3.1　数据的排序

　　在 Excel 操作中，有时会使用排序功能使我们更清晰地看到工作数据，下面完成"超市销售表"的排序操作：

　　（1）按"销售额"对数据表进行降序排列。

　　（2）增加一列"退货额"，按"销售额"降序和"退货额"升序对数据表进行排列。

1. 快速排序

　　快速排序就是将表格按照某一个关键字进行升序或降序排列。快速排序使用的是"数据"功能选项卡下的"排序和筛选"功能组中的"升序"按钮和"降序"按钮。

　　将数据表依据销售额降序排列，操作方法是单击销售额列中的任意单元格，单击"数据"功能选项卡下的"排序和筛选"功能组中的"降序"按钮即可，如图 4-29 所示。

图 4-29　按"降序"快速排列

　　通过排序按钮进行快速排序时，只能选择排序的关键字段一列中的任意一个单元格，而不能选择一列或者一个区域，否则会弹出对话框，询问用户是否扩展排序区域，如果不扩展排序区域，排序后的表格记录顺序就会混乱。

2. 按多个关键字排序

　　在 Excel 2010 中，可以同时按多个关键字进行排序。多个关键字的排序是指先按某一个关键字进行排序，然后将此关键字记录下来，再按第二个关键字进行排序，以此类推。

　　为销售数据表增加一列"退货额"，然后单击"销售额"中任意一个单元格，单击"排序和筛选"工具组中的"排序"按钮，弹出"排序"对话框。设置主关键字的列、排序依据、次序选项，然后单击"添加条件"按钮，用同样的方法设置此关键字，如图 4-30 所示。单击"确定"按钮即可实现按多个关键字排序。

图 4-30　按多个关键字排序

　　在 Excel 2010 中，用户最多可以设置 64 个排序关键字。在"排序"对话框中，单击"删除条件"按钮可以将添加的排序条件进行删除；单击"复制条件"按钮可以复制一个与已有排序条件相同的条件。

4.3.2　数据的筛选

　　数据筛选是数据表格管理的一个常用项目和基本技能，通过数据筛选可以快速定位符合特定条件的数据，方便使用者第一时间获取第一手需要的数据信息。接下来以"超市销售统计表"为例完成以下的操作：

　　(1) 自动筛选出"饮料类"的销售记录。

　　(2) 自定义筛选出销售额在 15 000～20 000 之间的数据。

　　(3) 筛选出销售区间是食品区，销售额大于 15 000 并且退货额大于 200 的数据。

1. 自动筛选

在工作表中查看"饮料类"的相关数据，具体操作方法是单击排序列中的任意一个单元格，单击"排序和筛选"工具组中的"筛选"按钮，进入自动筛选状态，如图4-31所示。

图4-31　进入筛选状态

单击"类别"右侧的筛选按钮，打开筛选列表，只选择"饮料类"即可只查看"饮料类"的数据，如图4-32所示。

图4-32　筛选结果

2. 自定义筛选

自定义筛选指用户自己定义要筛选的条件，在筛选数据时具有较大的灵活性，可以进行比较复杂的筛选。

筛选表格中销售额在 15 000～20 000 之间的数据，具体操作方法是单击"销售额"右侧的筛选按钮，单击筛选列表中的"数字筛选"子菜单中的"自定义筛选"命令，如图 4-33 所示。在弹出的对话框中设置筛选条件，然后单击"确定"按钮即可，如图 4-34 所示。

图 4-33　执行"自定义筛选"命令

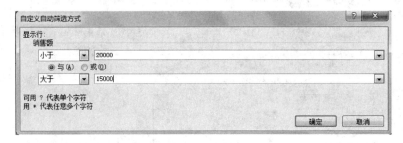

图 4-34　设置筛选条件

3. 高级筛选

当筛选的数据列表中的字段较多时，筛选条件比较复杂，使用自动筛选就显得比较麻烦，此时使用高级筛选就可以非常简单地对数据进行筛选。

首先在工作表中输入要筛选的条件内容，创建筛选条件区域。然后单击"高级"按钮，弹出"高级筛选"对话框，单击"列表区域"文本框后面的按钮，然后在工作表中框选要筛选的列表区域，再单击"条件区域"后面的按钮，在工作表中框选刚输入的筛选条件，如图 4-35 所示，单击"确定"按钮即可完成筛选。

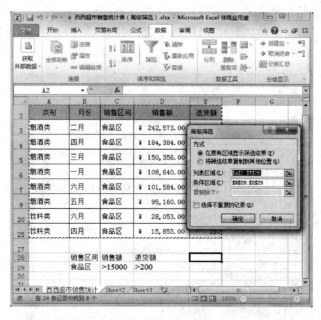

图4-35　打开"高级筛选"对话框

　　　　使用高级筛选必须先建立一个条件区域，书写筛选条件时上方是条件字段名，下方是筛选条件。

　　　　在Excel中建立高级筛选的条件区域时要注意以下几点：

　　　　（1）最好将条件区域建立在原始数据的上方或下方，且与原始数据之间至少留一行或者一列的距离。

　　　　（2）条件区域必须具有列标签，并且列标签的名字必须和表格标签的名字保持一致，条件建立在列表前的正下方。

　　　　（3）如果条件之间是"与"的关系，应让条件处于同一行；如果条件之间是"或"的关系，则应让条件处于不同行。

4.3.3　数据的分类汇总

　　很多时候，我们需要将数据进行分类汇总操作，这样就容易查看某项数据的总额。例如在销售表中经常需要统计各个区间的销售情况、统计各种类型产品的销售情况等，这时分类汇总就非常适合了。接下来以"超市销售统计表"为例，将工作表中的数据以"销售区间"为分类字段，对销售额进行分类汇总。

　　1. 创建分类汇总

　　对数据进行分类汇总之前必须先对数据按照分类字段进行排序，其作用是将具有相同关键字的记录表集中在一起，以便进行分类汇总。另外，数据区域的第一行中必须有数据的标题行。

首先对"销售区间"按降序进行排序，然后单击"分类汇总"按钮，弹出"分类汇总"对话框，选择"汇总方式"列表中的"求和"选项，然后选择要进行求和汇总的选项"销售额"，如图4-36所示。

图4-36　分类汇总

2. 查看分类汇总

在对数据进行分类汇总后，在工作表的左侧有3个显示不同级别的分类汇总按钮，单击这3个按钮可以显示隐藏分类汇总和总计分类汇总，如图4-37所示。

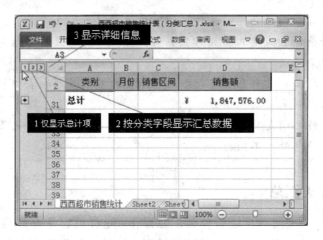

图4-37　查看分类汇总

　　分类汇总只能在工作表中查看，不能通过打印机打印出来。

　　要删除分类汇总，只需要在图4-36所示的"分类汇总"对话框中单击"全部删除"按钮即可。

3. 创建嵌套分类汇总

有时需要在已有的分类汇总基础上再进行一次分类汇总，这叫做嵌套分类汇总。例如，前面已经完成按照分类进行的分类汇总，如果想在此基础上再添加基于销售月份或者基于销售区的分类汇总的话则需要再执行一次分类汇总。进行嵌套分类汇总之前先对数据按照多个关键字进行排序，按照第一个关键字进行分类汇总，然后按照第二个关键字进行分类汇总，并且在第二次分类汇总时取消如图4－36中的"替换当前分类汇总"选项即可。

4.3.4　数据透视表

对工作表中数据进行统计是经常需要的，一般情况我们可以通过使用菜单命令或函数来进行数据的统计。可是如果要统计的工作表中记录很多，而且需要统计的项目也很多时，使用这种方法就显得力不从心了。Excel的数据透视表是数据汇总、优化数据显示和数据处理的强大工具，接下来以"超市销售统计表"为例完成数据透视表的操作：

（1）创建数据透视表，按销售区间查看销售额。

（2）将"类别"添加到"报表筛选"列表中。

1. 创建数据透视表

数据透视表可以深入分析数据并了解一些预计不到的数据问题。使用数据透视表之前首先要创建数据透视表，再对其进行设置。要创建数据透视表，需要连接到一个数据源，并输入报表位置，创建方法如下。

（1）单击"插入"工具组中的"数据透视表"按钮，单击"数据透视表"命令，如图4－38所示，弹出"创建数据透视表"对话框。

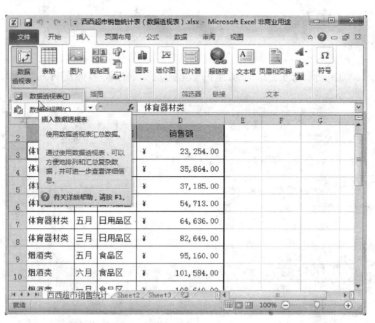

图4－38　执行"数据透视表"命令

（2）选择要分析的数据区域，然后单击选中"新工作表"单选项，设置放置数据透视表的位置，单击"确定"按钮，如图4－39所示。

图 4-39 设置要分析的数据区域及放置数据透视表的位置

（3）此时创建了空的数据透视表，右侧显示字段列表，如图 4-40 所示。

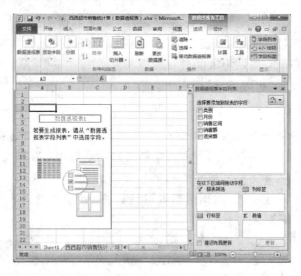

图 4-40 空的"数据透视表"

（4）选择要添加到报表的字段，创建的数据透视表的效果如图 4-41 所示。

图 4-41 创建的数据透视表效果

小贴士

　　"数据透视表字段列表"任务窗格中包含了数据透视表的字段列表、报表筛选、列标签、行标签以及数据等选项，含义如下：

　　（1）行标签：行标签式数据透视表中指定为行方向的数据清单或表单中的字段。

　　（2）列标签：列字段是数据透视表中指定为列方向的数据清单或表单中的字段。

　　（3）报表筛选：报表筛选是数据透视表中指定为页方向的源数据清单或表单中的字段，它允许用户筛选整个数据透视表，以显示单个项或者所有项的数据。

　　（4）数值：数据字段提供要汇总的数据值。通常，数据字段包含数字，可用 SUM 汇总函数合并这些数据，但数据字段也可以包含文本，此时数据透视表使用 COUNT 汇总函数。如果报表有多个数据字段，则报表中出现名为"数值"的字段按钮，以用来访问所有数据字段。

2．编辑数据透视表

（1）更改数据透视表布局。数据透视表最大的特点是可以旋转其行和列，或通过设置表中的筛选选项以查看数据源的不同汇总，更改数据表布局就是将"数据透视表字段列表"任务窗格中的字段添加到数据透视表相应的区域中或是在不同区域之间移动字段。

　　将"列别"加入到"报表筛选"列表中的方法是右击要移动的字段名称，在弹出快捷菜单中选择"添加到报表筛选"命令即可，如图 4-42 所示。

图 4-42　更改数据透视表

（2）设置数据透视表中的汇总字段。在数据透视表的"数值"区域中默认显示的是求和汇总方式，用户可以根据需要设置其他汇总方式，如平均值、最大值、最小值、计数、偏差等。这里以销售额的平均值进行汇总，首先在数据透视中选择要更改汇总方式的字段名称，单击"字段设置"按钮，如图 4-43 所示，弹出"值字段设置"对话框，单击其中的计算类型

"平均值"，单击确定按钮即可，如图 4-44 所示，结果如图 4-45 所示。

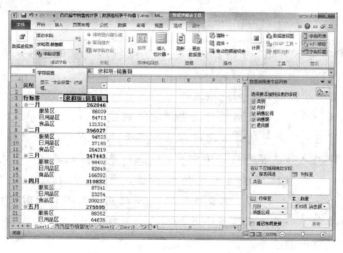

图 4-43　执行"字段设置"命令

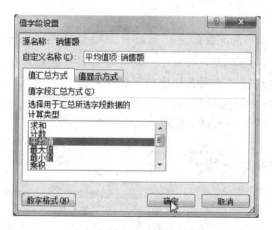

图 4-44　"值字段设置"对话框

图 4-45　结果

4.4　公式与函数

4.4.1　公式及其应用

1. 认识公式

Excel 的公式由运算符、数值、字符串、变量和函数组成。公式必须以等号"＝"开头，即在 Excel 的单元格中，凡是以等号开头的输入数据都被认为是公式。在等号的后面可以跟数值、运算符、变量或函数(如表 4 - 1 所示)，在公式中还可以使用括号。

例如：

＝10＋4＊6/2＋(2＋1)＊50

以上就是一个公式，可以在任何单元格中输入此公式。Excel 会把公式的计算结果显示在相应的单元格中。

表 4 - 1　公式的组成方式

公式组成	含　义
＝10＋20	公式由常数组成
＝A1＋B1	公式由单元格引用表达式组成
＝A1＋50	公式由常数和单元格组成
＝SUM(100，200)	公式由函数及函数表达式组成

(1) 运算符。运算符分为四种不同类型，分别为算数运算符、比较运算符、文本连接运算符和引用运算符。算数运算符可以完成基本的算数运算(如加法、减法或乘除法)、合并数字以及生成数值结果；比较运算符可以比较两个值的大小，结果为逻辑值 TRUE 或 FALSE；文本连接运算符使用与号(&)连接一个或多个文本字符串，以生成一段文本；引用运算符可以对单元格区域进行合并计算。

Excel 2010 中的算术运算符如表 4 - 2 所示。

表 4 - 2　算 术 运 算 符

运算符	功能	示例	运算符	功能	示例
＋	加法	10＋20	/	除法	100/25
－	减法或作为负号	20－10	^	乘方	10^2
＊	乘法	5＊7	％	百分号	20％

Excel 2010 中的比较运算符如表 4 - 3 所示。

表 4 - 3　比 较 运 算 符

运算符	功能	示例	运算符	功能	示例
＝	等于	A1＝B2	<＝	小于等于	A1<＝B2
<	小于	A1<B2	>＝	大于等于	A1>＝B2
>	大于	A1>B2	<>	不等于	A1<>B2

Excel 2010 中的文本连接运算符如表 4 - 4 所示。

表 4 - 4　文本链接运算符

运算符	功　　能	示　　例
&	将两个文本值连接或串起来形成一个连续的文本值	"中华"&"人民共和国"

Excel 2010 中的引用运算符如表 4 - 5 所示。

表 4 - 5　引 用 运 算 符

运算符	功　　能	示　　例
:	区域运算符，引用制定两个单元格之间的所有单元格	A1：A4，表示引用 A1～A4 共 4 个单元格
,	联合运算符，引用所指定的多个单元格	SUM（A1，A5），表示对 A1 和 A5 两个单元格求和
（空格）	交叉运算符，引用同时属于两个引用的区域	A1：D5，C2：D8 表示引用 A1～D5 和 C2～D8 这两个区域公共的区域 C2：D5

（2）单元格地址引用。① 相对引用。相对引用基于包含公式的单元格与被引用单元格之间的相对位置，如果公式所在的单元格位置改变，引用也随之改变。默认情况下，Excel 使用的是相对引用。相对引用的格式为列号加行号，如 A1、B4 等。采用相对引用，公式被复制或填充时，引用的单元格会随公式的位置变化而相对变化，如果公式只是移动，引用的单元格是不会变化的。

② 绝对引用。与相对引用对应，表示引用的单元格地址在工作表中是固定不变的，结果与包含公式的单元格地址无关。在相对引用的单元格的列标和行号前加上冻结符号"＄"，表示冻结单元格地址，便可以成为绝对引用。采用绝对引用后，复制公式后单元格地址和结果都不会发生变化。

③ 混合引用。混合引用具有相对列和绝对行或绝对列和相对行的特征，可以在公式只对行进行绝对引用，也可以只对列进行绝对引用，产生混合效果。

（1）引用同一张工作表中的单元格，直接在等号后输入单元格地址即可，如 A1、B2。也可以输入等号后单击所要引用的单元格，则自动引用此单元格。

（2）引用同一工作簿中其他工作表中的单元格，可以直接在等号后输入工作表名成和！再加单元格地址，如在 Sheet1 的 A1 单元格中引用 Sheet2 中的 B1 单元格，则可在 A1 单元格中输入表达式"＝Sheet2！B1"。也可以输入等号后单击要引用的工作表标签，切换到要引用单元格所在工作表，然后单击要引用的单元格。

（3）引用其他工作簿中的单元格，首先在第一个工作簿的单元格中输入等号，然后单击第二个工作簿中要引用的单元格即可。也可以通过在单元格引用的前面加上方括号[]括起来的工作簿名称、工作表名称和！来引用其他工作簿上的单元格，如在工作簿 Book1 的 Sheet1 工作表的 A1 单元格中引用工作簿 Book2 的 Sheet2 工作表中 B2 单元格，可在 A1 单元格中输入表达式"＝[Book2]Sheet1！B2"。

2. 使用自定义公式进行计算

（1）首先输入等号"＝"，表示用户输入的内容是公式而不是数据。

（2）输入参与运算的单元格 D3（或在 D3 上单击引用此单元格），再输入运算符减号"－"，再输入减数所在单元格 E3，如图 4－46 所示，按下 Enter 键即可计算出结果，如图 4－47 所示。

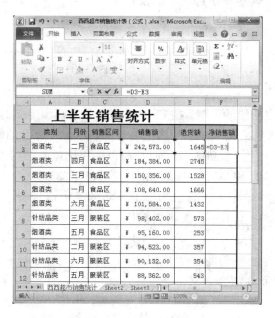

图 4－46　输入公式

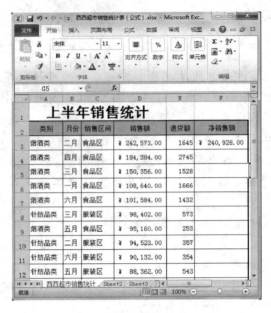

图 4 - 47　计算结果

按住 F3 单元格右下角的自动填充柄向下拖动，可以将公式快速填充到整列。可以看到，复制公式后，其引用的单元格会随之变化，从而得到正确的计算结果。

　　　　输入公式时可以在单元格中直接输入，也可以在公式编辑栏中输入，而且 Excel
2010 的编辑栏是可以调整大小的，所以在实际操作中，输入公式最好在编辑栏中进
行，这样可以不受其他单元格数据的影响，而且可以非常方便地通过方向键来改变
光标的位置。

4.4.2　函数及其应用

函数是能够完成特定功能的程序。在 Excel 中，它是系统预定义的一些公式，它们使用一些称为参数的特定数值按特定的顺序或结构进行计算，然后把计算的结果存放在某个单元格中。Excel 提供了非常强大的函数功能，下面以"超市销售统计表"为例完成以下的操作：

（1）利用自动求和函数 SUM 求超市上半年总的销售额。

（2）利用平均值函数 AVERAGE 求超市上半年的平均退货额。

（3）求所有销售品类中上半年最大销售额的记录和最小退货额的记录。

（4）对所有销售额进行排名。

（5）对所有销售品类上半年的销售情况进行销售评比，净销售额大于 20 000 的为优秀，销售额小于等于 20 000 的为合格。

（6）对退货额进行排名，额度小于 500 的为优秀，小于 1000 的为合格，其他为一般。

1．自动求和函数 SUM

输入的函数格式为：函数名（参数 1，参数 2，参数 3，……）。

　　函数名就是所要引用的函数类型；参数可以是数字、文本、如 TRUE 或 FALSE 的逻辑值、数组，也可以是常量、公式或其他函数，还可以是单元格引用等，函数也允许多层嵌套。

　　输入函数名之前务必先输入一个等号"＝"，通知 Excel 随后输入的是函数而非文本。

　　要求超市上半年总的销售额，用到的是自动求和函数 SUM。单击存放结果的表格，在编辑栏中输入"＝sum(D3：D26)"，如图 4-48 所示，按 Enter 键即可得到结果。

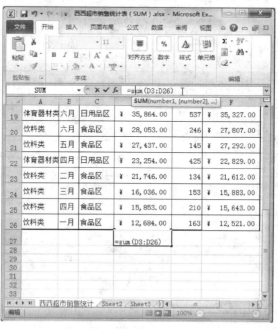

图 4-48　自动求和

　　在 Excel 中，求和函数的使用频率较高，所以在 Excel 中为用户提供了"自动求和"按钮，这样在进行求和计算时会更方便快捷。方法是单击存放结果的单元格，单击"函数库"工具组中的"自动求和"按钮，拖动鼠标选择计算区域，如图 4-49 所示，按下 Enter 键得出结果。

　　关于 SUM 函数的使用，需要注意以下几点：

　　① 参数表中的数字、逻辑值及数字的文本表达式将被计算。例如，SUM(3，2)＝5，SUM("9"，20，true)＝30。因为文本值被转换成数字，而逻辑值"true"被转换成数字1。

　　② 如果参数为数组或引用，那么只有其中的数字被计算。数组或引用中的空白单元格、逻辑值、文本或错误值将被忽略。

　　"例如"　设 A1 的值为"9"，A2 为 true，则公式 SUM(A1，A2，20)的计算结果为 20，而不是 30。因为本公式中包括两个引用 A1、A2，而 A1 的值为文本，A2 的值为逻辑值，它们在计算时被忽略，最终就只有一个数值 20 参与运算。

　　③ SUM 函数的参数最多可达 30 个，不同类型的参数可以同时出现。

　　"例如"　A2:E2 包含 5、15、30、40、50、A3 的值为 10，则 SUM(A2：C2，A3)＝60，SUM(B2：E2，15)＝150，SUM(A2：D2，{1，2，3，4}，A3，10)＝110。

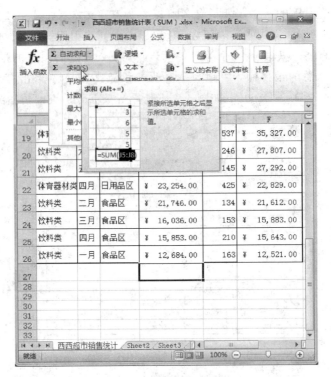

图 4－49　使用自动求和按钮

2. 求平均值函数 AVERAGE

AVERAGE 函数的作用是返回参数的平均值，表示对所选的单元格或单元格区域进行算术平均值运算，其语法结构为 AVERAGE(Number1，Number2，……)。

计算机销售表中平均退货额，方法是在图 4－39 所示的下拉列表中选择"平均值"命令，拖动鼠标选择计算区域，按 Enter 键即可得到结果。

也可以直接在编辑区输入"＝AVERAGE(E3：E26)"然后按 Enter 键得到结果。

3. 计数函数 COUNT

COUNT 函数计算包含数字的单元格以及参数列表中数字的个数。使用函数 COUNT 可以获取区域或数字数组中数字字段的输入项的个数。例如，输入以下公式可以计算区域 A1：A20 中数字的个数：

＝COUNT(A1：A20)

在此示例中，如果该区域中有五个单元格包含数字，则结果为 5。

4. 最大值函数 MAX 和最小值函数 MIN

这两个函数的作用是计算一串数值中的最大值或最小值，表示对选择的单元格区域中的数据进行比较，找到其中最大的数值或最小的数值并返回到目标单元格中。如果参数不包含数组，则返回 0。

最大值函数的语法结构为 MAX(Number1，Number2，……)，最小值函数的语法结构为 MAX(Number1，Number2，……)。

要找出销售表中销售额最大数值，操作方法是在图 4－49 所示的下拉列表中选择"最大值"命令,拖动鼠标选择计算区域,按 Enter 键即可得到结果。

要找出销售表中退货额最小数值,操作方法是在图 4-49 所示的下拉列表中选择"最小值"命令,拖动鼠标选择计算区域,按 Enter 键即可得到结果。

5. 排序函数 RANK

RANK 函数的作用是返回某一数据在一组数据中相对于其他数值的大小和排名,表示让指定的数据在一组数据中进行比较,将比较的名次返回到目标单元格中。

其函数的语法结构为 RANK(Number,Ref,Order),其中 Number 是要在数据区域中进行比较的指定数据,Ref 是一组数或对一个数据列表的引用;Order 是指定排名的方式,如果为零或不输入内容是降序,非零值是升序。

计算各销售额在"销售额"一列中排名,方法是单击存放计算结果的单元格,输入排序函数的表达式内容,如图 4-50 所示。按 Enter 键得出结果,拖动自动填充柄复制函数,计算出所有的排序结果。

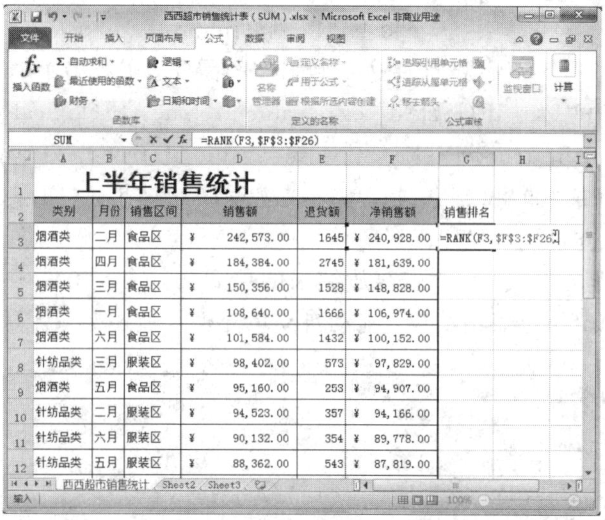

图 4-50　销售排名

6. 条件函数 IF

IF 函数也叫条件函数,是日常工作中使用频率最高的函数之一,它的作用是执行真假判断,根据运算出的真价值,返回不同的结果。

IF 函数的语法为:IF(logical_test,value_if_true,value_if_false)。

各参数的具体含义如下:

logical_test:逻辑值,表示计算结果为 TRUE 或 FALSE 的任意值或表达式。

value_if_true:如果 logical_test 为真,返回该值。

value_if_false:如果 logical_test 为假,返回该值。

因此,IF 函数表达式如果直接翻译过来,其意思为"如果(某条件,条件成立返回的结果,条件不成立返回的结果)"。

要对净销售额进行评比,单击存放结果的单元格,输入条件函数的表达式内容,如图 4-51 所示,按 Enter 键得出结果,拖动自动填充柄复制函数,计算出所有的结果。

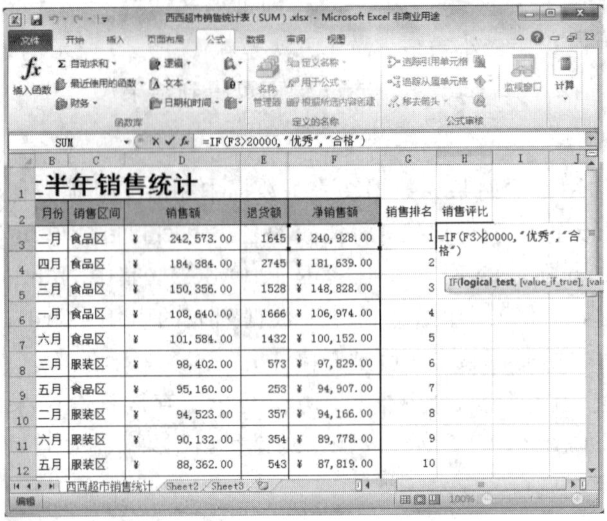

图 4-51　销售评比

在实际工作中，一个 IF 函数往往达不到工作的需要，需要多个 IF 函数嵌套使用。

IF 函数嵌套的语法为：IF(logical_test，value_if_true，IF(logical_test，value_if_true，IF(logical_test，value_if_true，IF(logical_test，value_if_true，……value_if_false)))。

一般可将其翻译成"如果(某条件，条件成立返回的结果，(如果(某条件，如果(某条件，……，条件不成立返回的结果)))"。

对退货额进行排名，方法是单击存放结果的单元格，输入条件函数的表达式内容，如图 4-52 所示，按 Enter 键得出结果，拖动自动填充柄复制函数，计算出所有的结果。

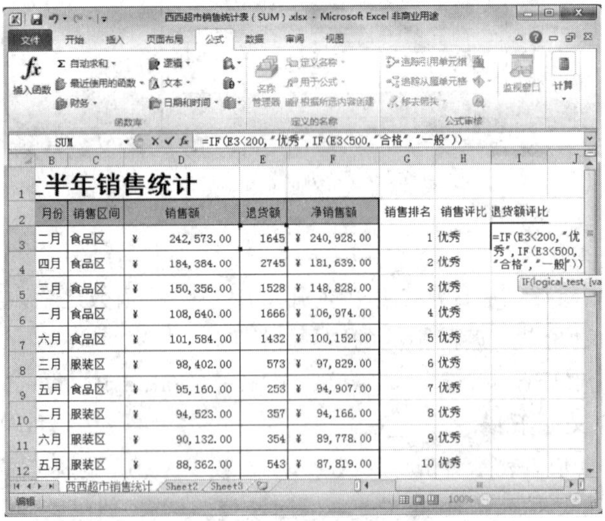

图 4-52　退货评比

4.5　统计图表的应用

在分析数据时，为了获得更好的视觉效果，往往可以通过图表中数据系列的高低和长短来查看数据的差异、预测趋势。

4.5.1　创建统计图表

Excel 2010 提供了 11 种标准的图表类型，每一种图表类型都有几种子类型，其中包括二维图和三维图。

Excel 2010 取消了图表向导，只需选择图表类型、图标布局和样式就能在创建时得到专业的图表效果。

在"插入"选项卡的"图表"工具组中提供了常用的几种图表类型，首先选中数据，单击"图表"工具组中的"柱形图"，在弹出列表中选择"簇状圆柱图"，如图 4-53 所示。根据表格内容创建的簇状圆柱图如图 4-54 所示。

图 4-53　执行"簇状圆柱图"命令

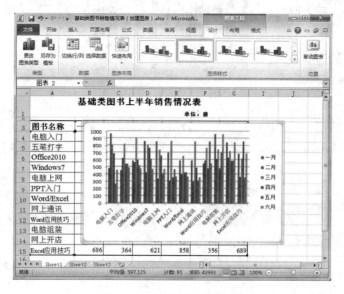

图 4-54　簇状圆柱图效果

插入图表或选中图表后，在数据源表格中会自动出现蓝色的粗线条与细线条，用以间隔数据区域和非数据区域。同时，在功能区上方会自动增加"设计""布局"以及"格式"三个针对图表进行操作的功能选项卡。

4.5.2　美化图表

1．添加坐标轴标题

单击"布局"面板中"标签"工具组中的"坐标轴标题"按钮，单击"主要横坐标轴标题"命令，在弹出的下级列表中选择"坐标轴下方标题"命令，添加横坐标。

单击"布局"面板中"标签"工具组中的"坐标轴标题"按钮，单击"主要纵坐标轴标题"命令，在弹出的下级列表中选择标题的排列方式，如"竖排标题"命令。

为图表添加横坐标轴标题和纵坐标轴标题的效果如图 4-55 所示。

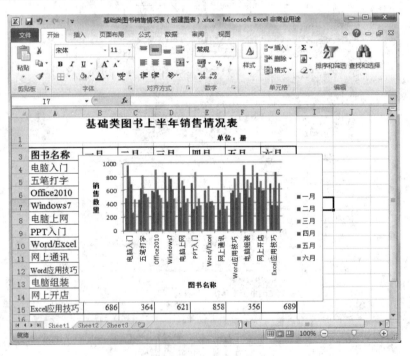

图 4-55　为图表添加标题

2．设置图表格式

使用 Excel 2010 预设的图表样式可以快速美化图表。方法是在"图表样式"列表中选择预设的样式即可，如图 4-56 所示。

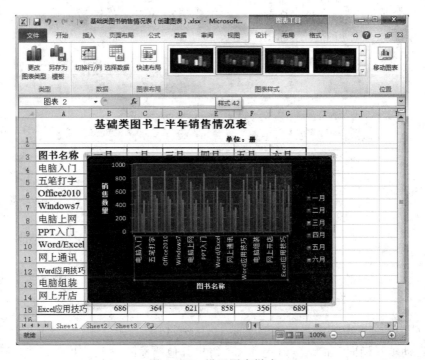

图 4-56　设置图表样式

4.5.3　使用迷你图

迷你图是 Excel 2010 中的新增功能，它是工作表单元格中的一个微型图表，可以使数据直观表示。

例如，对于股票走势，可以添加走势图，方法是在表格中需要插入迷你图表的单元格中单击，然后单击"迷你图"工具组中的"折线图"按钮，如图 4-57 所示。

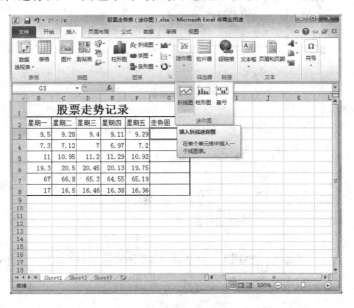

图 4-57　执行插入"折线图"命令

　　弹出"创建迷你图"对话框，拖动鼠标在工作表中选择迷你图数据区域，如图 4 - 58 所示。单击"确定"按钮即可插入迷你图。

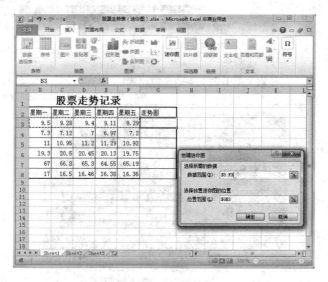

图 4 - 58　选择数据区域

拖动自动填充柄向下拖动复制迷你图，得出其他迷你图效果，如图 4 - 59 所示。

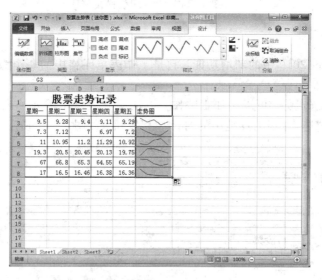

图 4 - 59　插入迷你图效果

习　　题

一、填空题

　　1. 编辑栏是 Excel 特有的工具栏，主要由两部分组成：（　　　　　）和（　　　　　）。

　　2. 在 Excel 中，工作簿、工作表、单元格三者之间的关系是（　　　　　）关系，一个 Excel 文档就是一个（　　　　　）。

　　3. Excel 有一个特殊的工具：（　　　　　），将光标指向它，然后拖动鼠标可以自动填充相应的内容。

4．所谓引用，是指将一个含有单元格地址的公式复制到新位置时，（　　　　）公式中的单元格地址会自动随之发生变化。

5．在单元格中输入公式时要以（　　　　）开头，指明后面的字符串是一个公式，然后才是公式的表达式。

6．在 Excel 中，用户可以使用（　　　　）、（　　　　）和高级筛选等方式筛选数据。

7．在对某字段进行分类汇总之前，需要对该字段进行（　　　　），然后才能进行汇总。

8．（　　　　）是 Excel 中默认的图表类型，根据它的形状我们又称它为"直方图"。

二、简述题

1．如何调整行高和列宽？

2．怎样解决下面的错误提示？

（a）＃＃＃＃＃　　　（b）＃DIV/0!　　　（c）＃VALUE!　　　（d）＃NAME?

3．怎样在单元格中输入下列内容？

（a）当前时间　　（b）数字字符串　　（c）负数　　（d）分数　　（e）当前日期

4．如何在工作表中同时插入 5 行单元格？

5．如果要同时在多个单元格输入相同的内容，可以有几种操作方法？

三、操作题

1．新建一个空白的工作簿文件，命名为"学生成绩汇总"，将其中的三个工作表分别命名为"一班"、"二班"、"四班"，然后在"四班"工作表的左侧再插入一个新的工作表，命名为"三班"。

2．自定义一个序列"清华、北大、人大、复旦、同济"，然后在工作表中进行填充练习。

3．在一行单元格中分别输入"1"、"2"、"4"、"7"、"10"，然后在一个空白的单元格中应用函数分别进行求和、计数、求最大值、求平均值计算。

4．输入一个学生成绩表，然后分别计算出每个学生的总成绩，并对总成绩按降序排列，当成绩相同时，按姓名字母进行升序排列。

PowerPoint 演示文稿软件应用

学习目标

1. 熟悉演示文稿的基本操作
2. 熟悉演示文稿的修饰

① 各种对象或素材的插入与编辑，动画效果的设置，背景的设置，动作按钮与动作设置；

② 幻灯片版式、母版的使用；设置幻灯片背景、配色方案、模板制作。

3. 熟悉演示文稿对象的编辑

① 设置、复制文字格式；

② 插入、编辑剪贴画、艺术字、自选图形、图片、音频、视频；

③ 建立表格与图表；

④ 创建动作按钮、超链接。

4. 掌握演示文稿的放映

① 设置放映方式；

② 选择播放时鼠标指针的效果、切换幻灯片方式、动画方案；

③ 演示文稿打包。

应用情景

王浩工作不久就发现，公司经常使用 PowerPoint 制作各类演示文稿，如工作汇报、企业产品演示、业务培训、市场分析等。为了更好地完成工作，他决定加强对演示文稿软件的学习，尽快熟悉 PowerPoint 2010 的应用。

PowerPoint 是微软公司出品的 Office 办公软件系列重要组件之一，用于制作视频、音频、PPT、网页、图片等结合的三分屏课件。同时 PowerPoint 是一款功能强大的办公软件，它在学生进行答辩、企业进行工作总结、公司用于产品介绍等方面有着很大作用，而且 Microsoft Office PowerPoint 2010 在 PowerPoint 系列中已经相当成熟了，支持多项用户自定义选项。

5.1　初识 PowerPoint 2010

PowerPoint 2010 是一款用于制作、维护、播放演示文稿的应用软件，可以在演示文稿中插入并编辑文本、图片、声音、视频、艺术字、SmartArt 图形等对象，并且可以设置动画效果与幻灯片切换效果。

5.1.1　PowerPoint 2010 的新增功能

与 PowerPoint 2007 版本相比，PowerPoint 2010 拥有比以往更多的方式创建动态演示文稿并与观众共享，新增的视频和图片编辑功能是 PowerPoint 2010 的最大亮点，主要的新增功能包括如下几个方面。

1. 强大的视频、图像处理功能

在视频方面，PowerPoint 2010 除了可以直接插入视频以外，还可以对插入的视频进行剪裁、更正颜色、设置样式等操作，从而为演示文稿增添专业的多媒体体验。另外，还可以将演示文稿保存为视频格式，并且可以控制多媒体文件的大小和视频的质量。

在图像方面，一是对于插入的图像可以进行裁剪、抠图、设置艺术效果、着色、添加纹理、高级更正与颜色调整等，从而使图像看起来效果更佳；二是增加了一个屏幕截图工具，可以随时获得屏幕上的绚丽效果；三是新增了大量可自定义主题和 SmartArt 图形布局。除此以外，对于插入的形状可以进行组合、联合、交点、剪除等运算。

2. 动画与幻灯片切换效果更丰富

关于动画，PowerPoint 2010 给予了足够的重视，最大的特点是将"幻灯片切换"效果从"动画"选项卡中独立出来，命名为"切换"选项卡，如图 5-1 所示。

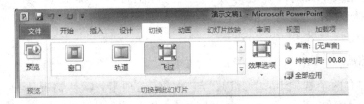

图 5-1　独立出来的"切换"选项卡

"切换"选项卡主要用于设置幻灯片切换效果，并且增加了很多绚丽的特效，原有的切换效果也变得更加华丽。"动画"选项卡主要是针对幻灯片元素加入各种动画特效，并且新增了"动画刷"工具，功能类似于 Word 或 Excel 中的"格式刷"工具，可以让用户快速地把一个对象上的动画移植到另一个对象上。

3. 使用广播幻灯片，联机共享演示文稿

PowerPoint 2010 的"共同创作"功能可以让多个用户通过网络同时编辑一个演示文稿，并借助该软件进行即时通信。

另外，PowerPoint 2010 还新增了"广播幻灯片"功能，不论对方的计算机上是否安装了 PowerPoint，也不需要执行其他任何设置，就可以借助网络浏览器观看幻灯片放映。

5.1.2　PowerPoint 2010 界面简介

PowerPoint 2010 用于创建与放映演示文稿，通过它可以快速地创建极具感染力的动态演示文稿。参照启动 Word 2010 的方法启动 PowerPoint 2010 即可，由于它与 Word、Excel 同属于微软的 Office 办公系列，所以拥有同样美观的界面，而且界面组成大同小异，除了拥有统一的功能区以外，它还具有独特的组成部分，如图 5-2 所示。

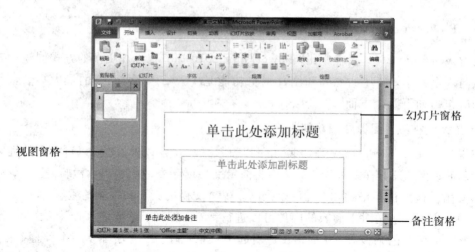

图 5-2　PowerPoint 2010 的界面组成

由上图可以看到，PowerPoint 2010 的工作窗口除了拥有标题栏、功能区、状态栏之外，还有幻灯片窗格、视图窗格与备注窗格。

1. 幻灯片窗格

在 PowerPoint 工作窗口中，幻灯片窗格占据了最大的区域，中间的白色部分就是要编辑的幻灯片，它是演示文稿的核心部分，在幻灯片上可以添加文本，插入图片、图形、表格、SmartArt 图形、图表、文本框、电影、动画、视频、音频、超链接等，从而形成图文并茂、声像纷呈的幻灯片效果。

2. 视图窗格

视图窗格中有两个选项卡："幻灯片"与"大纲"选项卡，默认情况下显示的是"幻灯片"选项卡。

在"幻灯片"选项卡中，当前演示文稿中的所有幻灯片都以缩略图的形式显示，以便查看幻灯片的设计效果，如图 5-3 所示。在"大纲"选项卡中，当前演示文稿中的所有幻灯片都以大纲的形式列出，如图 5-4 所示。

图 5-3　"幻灯片"选项卡

图 5-4　"大纲"选项卡

3. 备注窗格

备注窗格位于幻灯片窗格的下方，通常用于为幻灯片添加注释说明，如幻灯片的内容摘要等。用户可以打印备注，也可以在展示演示文稿时进行参考。

将光标指向视图窗格或备注窗格与幻灯片窗格的边界线上时，光标将变成双向箭头，这时拖动鼠标，可以调整各窗格的大小。

5.1.3　PowerPoint 2010 视图模式

视图是演示文稿在屏幕上的显示方式。PowerPoint 2010 的状态栏右侧有 4 种视图按钮，分别是"普通视图"、"幻灯片浏览视图"、"阅读视图"和"幻灯片放映视图"；而在"视图"选项卡的"演示文稿视图"组中也有 4 种视图，分别是"普通视图"、"幻灯片浏览视图"、"备注页视图"和"阅读视图"。所以，PowerPoint 2010 共有五种视图模式，其中普通视图中还包含了"幻灯片"和"大纲"两个选项卡。

1. 普通视图

启动 PowerPoint 2010 以后，系统将自动进入普通视图，它是设计演示文稿的主要场所。如果当前视图为其他视图，可以在"视图"选项卡的"演示文稿视图"组中单击 ▤ 按钮，或者单击状态栏右侧的"普通视图"按钮 ▤，将其切换到普通视图中。

普通视图共包括 3 个窗格，即视图窗格、幻灯片窗格和备注窗格。默认状态下，普通视图中的幻灯片窗格最大，其余两个窗格较小。在实际操作时，为了满足工作的需要，用户可以随意改变它们的大小。

2. 幻灯片浏览视图

使用幻灯片浏览视图可以将演示文稿中的幻灯片以缩小的视图方式排列在屏幕上，以帮助用户整体浏览演示文稿中的幻灯片。

在"视图"选项卡的"演示文稿视图"组中单击 ▦ 按钮，或者单击状态栏右侧的"幻灯片浏览"按钮 ▦，可以进入幻灯片浏览视图，如图 5-5 所示。

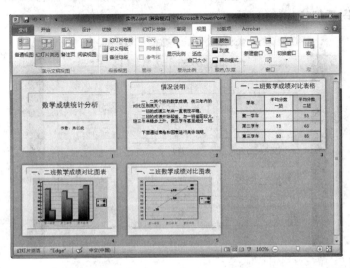

图 5-5　幻灯片浏览视图

　　在幻灯片浏览视图中可以直观地查看所有的幻灯片,如果幻灯片较多,可以拖动屏幕右侧的滚动条进行浏览。另外,在该视图中还可以方便地查找幻灯片、调整幻灯片的顺序、添加或删除、移动或复制幻灯片等。

3. 备注页视图

　　在"视图"选项卡的"演示文稿视图"组中单击 □ 按钮,可以从其他视图模式切换到备注页视图中,如图5-6所示。

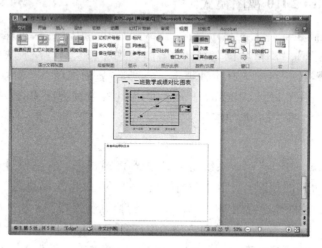

图5-6　备注页视图

　　由上图可以看到,备注页视图分为上下两部分:上半部分用于显示幻灯片,下半部分用于添加幻灯片的备注。一般情况下,为幻灯片添加备注可以在普通视图中完成,因此备注页视图并不经常使用。

4. 阅读视图

　　在"视图"选项卡的"演示文稿视图"组中单击 □ 按钮,可以从其他视图模式切换到阅读视图中,如图5-7所示,幻灯片在阅读视图中只显示标题栏、状态栏和幻灯片放映效果,因此该视图一般用于幻灯片的简单预览。

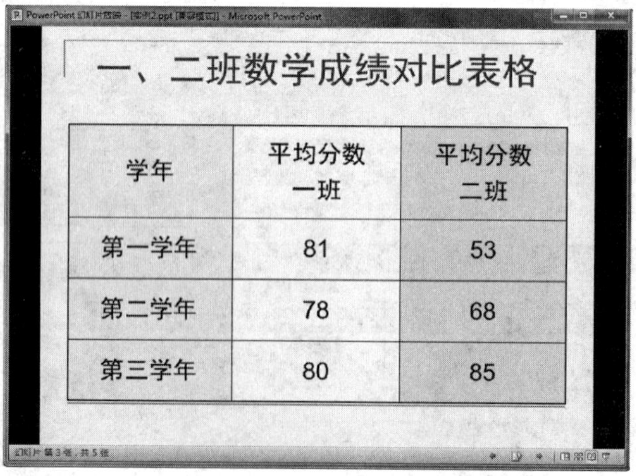

一、二班数学成绩对比表格		
学年	平均分数 一班	平均分数 二班
第一学年	81	53
第二学年	78	68
第三学年	80	85

图5-7　阅读视图

5. 幻灯片放映视图

通过幻灯片放映视图可以放映幻灯片，查看幻灯片的最终效果。编辑幻灯片时，如果要将演示文稿作为屏幕演示来处理，可以单击状态栏右侧的"幻灯片放映"按钮 ，进入幻灯片放映视图。在屏幕上单击鼠标，系统将从当前幻灯片开始放映，再次单击鼠标时可以切换到下一张幻灯片。放映结束时单击鼠标可以结束放映，返回到编辑状态。

5.2　PowerPoint 2010 的基本操作

5.2.1　新建、保存演示文稿

因为 PowerPoint 在展示内容上的强大功能，所以经常用于课堂教学、产品展示等。接下来以制作教学课件为例完成以下的操作：

（1）创建一个新演示文稿，输入文本，包括教案课程名称和主讲者姓名。

（2）使用自拍照片作为幻灯片背景。

（3）为标题设定动画效果。

最终效果如图 5-8 所示。

图 5-8　首页幻灯片效果图

1. 输入并设置文本

（1）新建 PowerPoint 演示文稿，并在 PowerPoint 2010 编辑窗口中，单击标题文本框输入教案课程名称"计算机应用基础"。

（2）单击副标题文本框输入时间"2016.3"。

（3）将主标题文本设置成微软雅黑、60 磅、加粗、白色（其中"基础"两字为黄色）；副标题文本设置成微软雅黑、40 磅、加粗、红色（设置方法和 Word 完全一样）。

2. 设置背景

（1）在幻灯片空白处单击右键，在弹出的快捷菜单中选择"设置背景格式"命令，在弹出的"设置背景格式"对话框中选择"图片或纹理填充"单选按钮，然后单击"文件"按钮，如图 5-9 所示。

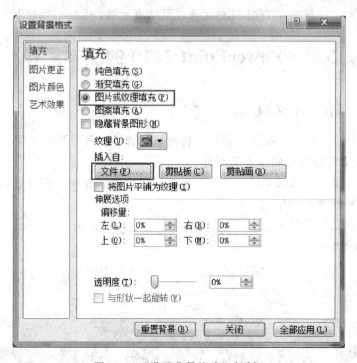

图 5-9　"设置背景格式"对话框

（2）弹出"插入图片"对话框，选择合适的图片，效果如图 5-10 所示。

图 5-10　设置背景后效果

3. 设置自定义动画

用户通过选择幻灯片中的对象，再选择一种预设的动画效果，可以为当前选择的对象添加相应的预设动画效果。

选中标题，单击"动画"选项卡中"动画"工具组中动画样式列表中的动画选项，选择"缩放"动画效果，即可为标题设定动画，如图 5 - 11 所示。

图 5 - 11　设定动画效果

当幻灯片中的对象被添加了动画效果后，在每个对象左侧会显示一个带有数字的矩形标记，表示已经对该对象添加了动画效果，中间的数字表示该动画在当前幻灯片中的播放顺序。为幻灯片的对象添加动画效果之后，"自定义动画"任务窗格中的列表框会按照添加的顺序依次向下显示当前幻灯片添加的所有动画效果。将鼠标指针移动到该动画上方时，系统会提示该动画效果的主要属性，如动画效果的主要属性，如动画的开始方式、动画效果名称及被添加对象的名称等信息。

5.2.2　图片与动画

PowerPoint 之所以能够制作出非常精美的幻灯片，得益于其强大的图片处理功能和动画效果。接下来继续以制作电子教案为例，完成以下关于图片和动画的操作：

（1）插入一张新幻灯片。

（2）插入 Smart 图形。

（3）添加艺术字。

（4）设定图形随操作动态出现。

效果如图 5 - 12 所示。

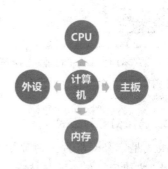

图 5 - 12　第二张幻灯片

（5）插入新幻灯片，在幻灯片中插入文本、图片、艺术字，效果如图 5-13 所示。

图 5-13　第三张幻灯片

1. 添加新幻灯片

单击要插入新幻灯片的位置，单击"新建幻灯片"按钮，如图 5-14 所示，即可插入一个新的幻灯片。

图 5-14　新建幻灯片操作

在"幻灯片"窗格中选择某张幻灯片后，按 Enter 键或 Ctrl＋M 快捷键也可以在当前幻灯片的下方添加与上一张幻灯片版式相同的新幻灯片。

2. 选择幻灯片版式

版式是定义幻灯片上待显示内容的位置信息和组成部分。在上面的操作中，单击"新建幻灯片"按钮后，会插入与选择的幻灯片版式相同的空白幻灯片，如果要插入其他版式的幻灯片，则需要单击该按钮下方的下拉按钮，在弹出的版式列表中选择需要的版式即可。

要更改幻灯片版式，方法是单击"版式"工具组中的"版式"命令，在弹出的版式列表中选择需要的"仅有标题"版式，如图 5-15 所示。

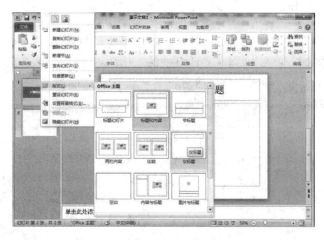

图 5 - 15　设置幻灯片版式

3. 插入 SmartArt 图形

SmartArt 图形是信息和观点的直观表示形式，它包括图形列表、流程图以及更为复杂的图形（如关系组织结构图）等。

切换到"插入"选项卡，单击"插入"工具组中的"SmartArt"按钮，如图 5 - 16 所示。

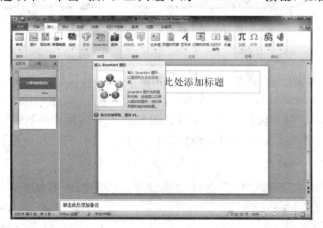

图 5 - 16　执行插入 SmartArt 图形命令

在弹出相应的对话框中选择所需的图形样式如图 5 - 17 所示。输入 SmartArt 图形中的文字，并设置字体为微软雅黑，加粗，24 磅。

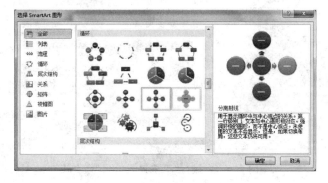

图 5 - 17　选择 SmartArt 图形

4. 添加艺术字

艺术字是一种特殊的图形文字，常用来表现幻灯片的标题文字。

打开"插入"功能区，单击"文本"工具组中的"艺术字"按钮，单击列表中要插入的艺术字样式，如图 5-18 所示。输入文字，然后将其放置在合适的位置即可。

图 5-18　执行插入艺术字命令

5. 设置动画效果

（1）为艺术字添加动画。在任务一中，我们学习了快速为所选对象添加动画的方法，但用户不能按照自己的创意进行更多的设置。PowerPoint 2010 中的"自定义动画"功能可以为演示文稿中的所有对象，包括文字、图片、图形图表等实现动画效果。

选定艺术字，单击"动画"工具组中的"添加动画"按钮，单击"更多进入效果"命令，如图 5-19 所示，弹出"添加进入效果"对话框，如图 5-20 所示。

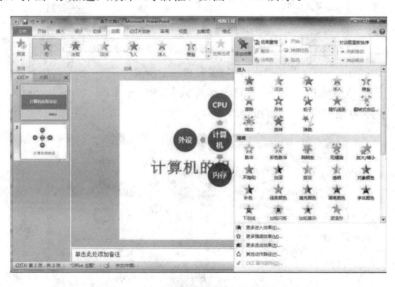

图 5-19　执行"更多进入效果"命令

图 5 - 20 选择进入方式

（2）为 SmartArt 图形添加动画。选定 SmartArt 图形，按上面的方式设置一种合适的进入动画效果。

6. 设置动画选项

在添加动画效果后，可以对动画的选项进行设置，如设置动画的开始方式、持续时间和延迟时间。

单击 SmartArt 图形，单击"计时"工具组中"开始"选项右侧的下拉按钮，选择"上一个动画之后"，表示在上一个动画执行完毕后开始此动画，如图 5 - 21 所示。"持续时间"为动画从开始到执行完毕的时间，"延迟"指接到执行该动画的指令到开始执行的时间。

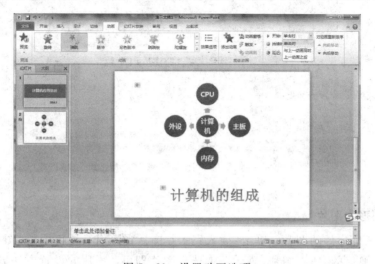

图 5 - 21 设置动画选项

动画开始的三种方式为"单击时"、"与上一动画同时"和"上一动画之后"，它们的意思分别是："单击时"表示只有当单击鼠标左键时才执行该动画；"与上一动画同时"表示两个动画同时进行；"上一动画之后"表示上一动作结束马上执行该动画。

7. 添加文本

添加一张新的幻灯片，单击"文本"工具组中的"文本框"按钮，单击列表中的"横排文本框"命令，如图 5-22 所示。

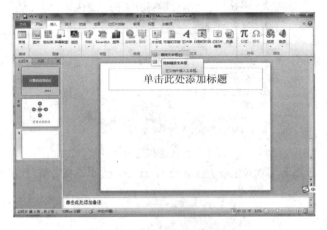

图 5-22　执行插入文本框命令

按住鼠标左键拖动绘制文本框。在绘制的文本框中输入文字，并设置字体为微软雅黑、加粗、20 磅，效果如图 5-23 所示。

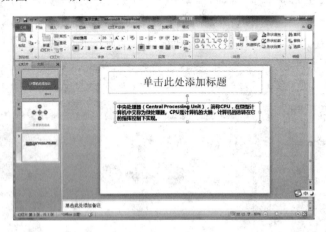

图 5-23　输入文字

8. 插入图形和图片

（1）插入来自文件的图片。单击"插入"选项卡中"图像"工具组中的"图片"按钮，如图 5-24所示，在弹出的"插入图片"对话框中选择图片即可，图片的设置方法同 Word 中插入图片的方法一致。

图 5-24　执行插入图片命令

（2）插入形状。单击"插入"工具组中的"形状"按钮，在弹出的列表中选择要插入的形状，如图 5-25 所示。拖动鼠标在幻灯片中绘制形状大小。

图 5-25　执行插入形状命令

再在幻灯片中加入艺术字"CPU"，使幻灯片更加美观，即可得到结果幻灯片，如图 5-13 所示。

5.3　主题与母版的应用

5.3.1　设置幻灯片主题

主题指的是幻灯片的界面风格，包括窗口的色彩、控件的布局、图标样式等内容，通过改变这些视觉内容以达到美化幻灯片界面的目的。作为初入门的 PowerPoint 设计人员，如果希望自己的演示文稿看起来非常专业，这时主题可以派上用场，只需从主题中选择并使用即可！在 PowerPoint 2010 中已经内置了很多个可供用户选择的主题，这些设计可应用于自己的演示文稿。主题决定整个幻灯片的视觉样式。下面介绍幻灯片主题的选择。

打开"设计"选项卡，在"主题"列表框中可以看到许多主题样式。单击选择相应的主题即可，如图 5-26 所示。

图 5－26　设置主题

　　默认情况下，选择的主题会应用到所有幻灯片中，如果只需要将主题应用到当前幻灯片中，则需要在选择的主题上右击，在弹出的快捷菜单中选择应用范围即可。

　　如果主题列表中没有满意的版式，用户可以将其他演示文稿中的主题应用于当前演示文稿，方法是打开其他演示文稿，在"设计"选项卡的"主题"样式列表中单击"保存当前主题"命令即可。

5.3.2　设计幻灯片母版

　　如果想要制作具有个性化的幻灯片模板的话，需要自己设计幻灯片母版。下面以为前面制作的演示文稿除首页幻灯片外的其他幻灯片加上徽标为例介绍幻灯片母版的使用。

　　（1）打开"视图"选项卡，点击"母版视图"工具组中的"幻灯片母版"按钮，如图 5－27 所示，切换到幻灯片母版视图，如图 5－28 所示。

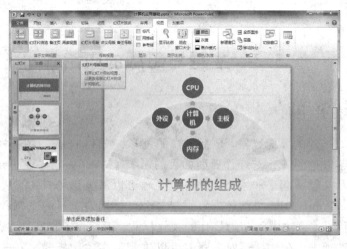

图 5－27　执行切换到幻灯片母版命令

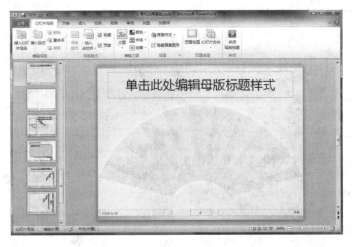

图 5-28　幻灯片母版视图

（2）找到幻灯片所应用的版式，然后单击"插入"面板"图像"选项组中的"图片"命令，插入作为徽标的图片。这样，所有应用该版式的幻灯片都将插入该图片。

　　　　幻灯片母版相当于一种模板，能够存储幻灯片的所有信息，包括文本和对象在幻灯片上的放置位置、文本和对象的大小、文本样式、背景、颜色主题、效果和动画等。在 PowerPoint 2010 中，默认自带了一个幻灯片母版，其中包含了 11 个幻灯片版式。一个演示文稿中可以包含多个幻灯片母版，每个母版下又包含 11 个版式。

　　　　在幻灯片母版视图下，可以看到所有可以输入内容的区域，如标题占位符、副标题占位符以及母版下方的页脚占位符。这些占位符的位置及属性，决定了应用该母版的幻灯片的外观属性，当改变了这些占位符的位置、大小以及其中的外观属性后，所有应用该母版的幻灯片的属性也将随之改变。通常可以使用幻灯片母版进行如下操作：

　　　　（1）设置字体或项目符号。

　　　　（2）插入要显示在多个幻灯片上的艺术图片（如徽标）。

　　　　（3）更改占位符的位置、大小和格式。

　　　　（4）设置统一的背景样式。

5.4　演示文稿的应用

5.4.1　放映演示文稿

　　幻灯片制作完成之后经常需要完善幻灯片的切换效果以及设置幻灯片的放映方式。

1. 为幻灯片添加切换效果

（1）单击"切换"选项卡，单击"切换到此幻灯片"工具组样式列表中的切换方式，如图5-29所示。

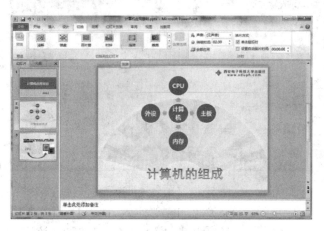

图5-29　设置切换方式为"涟漪"

（2）单击"计时"工具组中的"全部应用"，将此切换方式应用到所有幻灯片。

　　　　如果不单击"全部应用"按钮，设置的是当前的单张幻灯片，设置了幻灯片切换方式后，幻灯片的标记下方会显示动画标记。在同一个演示文稿中，可以为多张幻灯片设置不同的切换方式，但要尽量避免超过3种幻灯片切换方式。

　　　　在"切换到此幻灯片"工具组中，还可以对幻灯片的切换方式进行更多设置。例如，单击"效果选项"按钮，可设置切换方式的选项，如方向等。

2. 设置幻灯片的放映方式

单击"幻灯片放映"选项卡的"设置"工具组中的"设置幻灯片放映"按钮，在弹出对话框中设置放映方式即可。如图5-30所示。

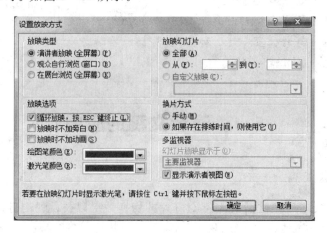

图5-30　设置幻灯片放映方式

> "演讲者放映(全屏幕)"放映方式是指在现场观众面前放映演示文稿;"观众自行浏览(窗口)"放映方式是指让观众能够在电脑上通过硬盘驱动或 CD,或者在互联网上查看演示文稿;若要在展台放映演示文稿,则应选择"在展台浏览(全屏幕)"放映方式。在"放映幻灯片"下方可以设置放映范围;在"换片方式"下方可以设置幻灯片的放映方式。

3. 排练计时

单击"幻灯片放映"选项卡中的"设置"工具组中的"排练计时"按钮,如图 5-31 所示。开始放映幻灯片,并自动开始为所有幻灯片和每张幻灯片计时。

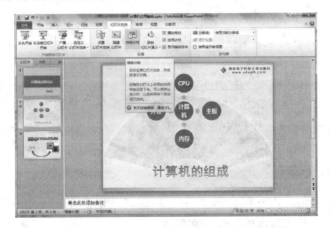

图 5-31　执行"排练计时"命令

幻灯片放映完毕,弹出一个确认对话框,确认是否保留新的幻灯片排练时间,单击"是"按钮。切换到幻灯片浏览视图,幻灯片下方显示排练计时时间,如图 5-32 所示。

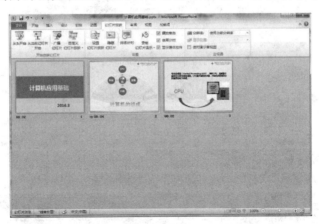

图 5-32　查看时间

4. 放映演示文稿

单击"幻灯片放映"选项卡中"开始放映幻灯片"工具组中的"从头开始"按钮,即可从头开始放映演示文稿，如图 5－33 所示。

图 5－33　从头开始播放幻灯片

按 F5 键可从头播放幻灯片，按 Ctrl＋F5 键可以从当前幻灯片处开始放映。单击视图控制区上的"放映"按钮也可以放映幻灯片。

5.4.2　打包演示文稿

将演示文稿打包后，将其所在的文件复制到其他电脑上，无论这台电脑是否安装了PowerPoint 程序，都可以正常播放演示文稿内容。

（1）单击"文件"按钮，在左侧的命令列表中单击"保存并发送"命令，单击右侧的"将演示文稿打包成 CD"命令，单击"打包成 CD"按钮，如图 5－34 所示。

图 5－34　执行"打包成 CD"命令

（2）在弹出的对话框中输入打包成 CD 后的文件夹的名称，单击"复制到文件夹"按钮，如图 5－35 所示。

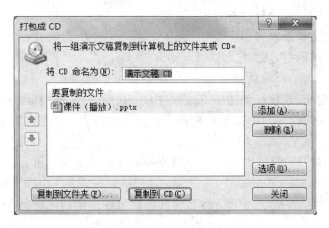

图 5-35　命名文件夹

（3）在弹出的"复制到文件夹"对话框中设置幻灯片文件夹的保存位置，单击确定按钮即可，如图 5-36 所示。

图 5-36　设置保存位置

习　　题

一、填空题

1. PowerPoint 2010 共有五种视图模式，分别是"普通视图"、"（　　　）"、"阅读视图"、"备注页视图"和"（　　　）"，其中普通视图中还包含了"（　　　）"和"大纲"两个选项卡。

2.（　　　　　）是一组预先设置好的格式选项，包括颜色、字体、效果等，可以直接应用于幻灯片。

3. 在"设置背景格式"对话框中有 4 种背景填充方式：即纯色填充、（　　　　　）填充、图片或纹理填充、（　　　　　）填充。

4.（　　　　　）是指放映时幻灯片进入和离开屏幕时的方式。

5. 在演示文稿中为幻灯片添加（　　　　　）可以创建交互功能，放映时直接单击它可以跳转到指定的目的地。

6. 幻灯片的放映方式主要有四种，分别是：（　　　　　）、从当前幻灯片开始放映、广播幻灯片和（　　　　）。

7.（　　　　　）的目的就是使演示文稿可以跨平台展示，或者进行异地播放。

二、简答题

1. 如何自定义演示文稿的主题？

2．怎样自定义幻灯片的放映顺序？

3．如何为演示文稿录制旁白？

4．简述演示文稿的打包方法。

三、操作题

1．利用"现代型相册"模板新建一个演示文稿，在幻灯片浏览视图中复制第 2 和第 4 张幻灯片，然后将第 8 张幻灯片中的图片更换为自己喜欢的图片，并将演示文稿保存为"我的作品"。

2．制作一张幻灯片，向其中插入一个图片并添加切换效果，再插入一个视频文件，最后将文件打包。

3．在幻灯片中插入一个艺术字，然后为其添加三种不同的动画效果，并让三个动画逐个顺序播放。

4．在幻灯片中输入文字"新浪"，并为其创建超链接，当单击该文字时链接到新浪网站，并出现提示文字"单击鼠标，将跳转到新浪网"。

学习目标

1. 熟悉 Internet 设置

① TCP/IP 协议；

② IP 地址、域名；

③ Internet 的接入设置及相关设备。

2. 掌握 Internet 信息利用

① 信息搜索；

② 电子邮箱的申请，邮件的收发；

③ 申请和使用网络空间：网络日志、网络硬盘、网络相册；

④ 了解常见网络服务与应用：网上学习、网上银行、网上购物、网上求职；

⑤ 常用即时通信软件的使用。

应用情景

　　王浩作为计算机系统维护工程师，同时承担网络信息检索员和网站运营与管理的工作。负责公司所需的网络信息检索、分析；同时负责公司广告推广、搜索引擎优化等。王浩的工作需要经常使用因特网（Internet），比如工作中需要收发电子邮件、同事间通过 MSN、QQ 等工具进行在线交流、通过网络搜索获取所需要的信息等。为了更好地完成工作，他决定加强学习因特网，然后进一步掌握常用的网络应用。

6.1　初识 Internet

　　Internet 代表着当代计算机体系结构发展的一个重要方向，由于 Internet 的成功和发展，人类社会的生活理念正在发生变化，Internet 把全世界联成为一个地球村，全世界正在为此构筑一个数字地球。

6.1.1　Internet 的发展历程

　　Internet 的起源要追溯到苏美冷战时期，1957 年，苏联发射了第一颗人造地球卫星。在这种情况下，美国军方为了自己的计算机网络在受到袭击时，即使部分网络被摧毁，其余部分仍能保持通信联系，便由美国国防部的高级研究计划局（ARPA）建设了一个军用网，叫做"阿帕网"（ARPAnet）。ARPA 的主要工作是设计并实施一项工程，帮助科学家进行通信和共享某些计算机资源。

1969 年，诞生了 ARPANET，它连接了加利福尼亚的洛杉矶分校、斯坦福研究生院、犹他州的大学以及圣巴巴拉的加利福尼亚大学的计算机，它就是 Internet 的前身，这个只有 4 个节点网络被称为"网络之父"。到了 1972 年，由于学术研究机构及政府机构的加入，这个系统已经连接到了 50 所大学和研究机构的主机，1982 年，ARPANET 又实现了与其他多个网络的互联，形成了以 ARPANET 为主干的互联网。1985 年，美国国家科学基金会使用 ARPANET 技术建成了一个规模不大、像网一样的系统，连接了所有的主机以及本地机器，建立了基于 IP 协议的计算机通信网络 NFSNET。

早期的 ARPANET 只对少数的专家和政府要员开放，而以 NFSNET 为主干的互联网则向社会开放。到了 20 世纪 90 年代，随着计算机的普及和信息技术的发展，软件开发者开发了一个用户界面友好的 Internet 访问工具，进一步促进了互联网的迅速普及。现在，Internet 连接了世界上几乎所有的计算机，并为各年龄段的用户提供信息，人类的工作、生活已经与互联网密不可分。

Internet 的中文译名目前没有统一，国际互联网、全球互联网、互联网、因特网等都指 Internet。

6.1.2 中国的 Internet

我国于 1994 年正式接入 Internet，但国内主干网的建设从 20 世纪 90 年代初就开始了。到 20 世纪末，已先后建成中国科技网（CSTNET）、中国教育和科研网（CERNET）、中国金桥网（CHINAGBN）和中国计算机互联网（CHINANET）四大中国互联网主干网。其中，前两个为非经营性网络，分别由中国科学院和教育部管理，后两个网为经营性网络，由传统的电信部门管理。

1. 中国科技网（CSTNET）

中国科技网是我国建设最早的四大互联网络中的一个。作为非盈利性的公益网络，它主要为科技界、科技管理部门、政府部门和高新技术企业服务。

CSTNET 于 1994 年首次实现了我国与 Internet 的直接连接，同时在国内开始管理和运行中国顶级域名 cn，其服务主要包括网络通信服务、域名注册服务、信息资源服务和超级计算服务。网上的科技信息资源有科学数据库、中国科普博览、科技成果、科技管理、技术资料、农业资源和文献情报等，数据量相当大，可以向国内、外用户提供各种科技信息服务。

2. 中国教育和科研网（CERNET）

中国教育和科研网是由国家投资建设，教育部负责管理，清华大学等高等院校承担建设和管理运行的全国性学术计算机互联网络，它主要面向教育和科研单位，是全国最大的公益性互联网络。

CERNET 分四级管理，分别是全国网络中心、地区网络中心和地区主节点、省教育科研网、校园网。CERNET 全国网络中心设在清华大学，负责全国主干网的运行管理。地区的网络中心作为主干网的节点负责地区网的运行管理和规划建设。省级节点分布于全国除台湾省外的所有省、市、自治区。

3. 中国金桥信息网（CHINAGBN）

中国金桥信息网全称为中国公用经济信息网，是我国经济和社会信息化的基础设施之一，该网是国家的"三金（金桥、金关和金卡）"工程的金桥工程，是由吉通通信有限公司承建，并承担该网的运营和管理工作。它是一个可在全国范围提供 Internet 商业服务的网络之一。

CHINAGBN 是以卫星综合数字业务网为基础，以光纤、无线移动等方式形成天地一体的网络结构，使天上卫星网和地面光纤网互联互通，互为备用，可以覆盖全国各省市和自治区。中国金桥网的接入途径包括拨号方式和专线方式，其中的专线接入又包括 DDN 专线接入方案、点对点微波接入方案、共享微波接入方案和卫星接入方案等。

4. 中国公用计算机互联网（CHINANET）

中国公用计算机互联网由信息产业部负责组建，其骨干网覆盖全国各省、市、自治区，以营业商业活动为主，业务范围覆盖所有电话能通达的地区。

自 2003 年 3 月起，信息产业部将南方 21 省资源、原 CHINANET 品牌归属中国电信，电话上网接入号码为 16300 和 16388；北方 10 省资源归属中国网通，其互联网业务为"宽带中国 CHINA169"，电话上网接入号码为 16900。

随着我国国民经济信息化建设迅速发展，拥有连接国际出口的互联网已由上述四家发展成九大网络，新增的五大网络是：

- 中国联合通信网（中国联通）：http://www.cnuninet.com
- 中国网络通信网（中国网通）：http://www.cnc.net.cn
- 中国移动通信网（中国移动）：http://www.chinamobile.com.cn
- 中国长城宽带网：http://www.cgw.net.cn
- 中国国际经济贸易网：http://www.ciet.net

6.1.3　Internet 的特点

Internet 之所以发展如此迅速，被称为二十世纪末最伟大的发明，是因为 Internet 从一开始就具有的开放、自由、平等、合作和免费的特性所推动的。也正是这些特性，使得 Internet 得到了迅猛的普及。

1. 开放性

Internet 是开放的，可以自由连接，而且没有时间和空间的限制，没有地理上的距离概念。只要遵循规定的网络协议，任何人都可以加入 Internet。在 Internet 网络中没有所谓的最高权力机构，网络的运作是由使用者相互协调来决定，网络中的每一个用户都是平等的。Internet 也是一个无国界的虚拟自由王国，在网络上信息的流动自由、用户的言论自由、用户的使用自由。

2. 共享性

网络用户在网络上可以随意调阅别人的网页（Homepage）或拜访电子公告板，从中寻找自己需要的信息和资料，还可以通过百度、搜狗等搜索引擎查询更多的资料，另外有一些网站还提供了下载功能，网络用户可以通过付费或免费的方式来共享相关的信息或文件等。

3. 平等性

在 Internet 上是人人平等的，一台计算机与其他任何一台计算机都是一样的，网络用户无论老少，无论美丑，无论是学生、商界管理人士，还是建筑工人、残疾人都没有关系，大家是通过网络进行交流，一切都是平等的。个人、企业、政府组织之间也是平等的、无等级的。

4. 低廉性

Internet 是从学术信息交流开始，人们已经习惯于免费使用。进入商业化之后，网络服务供应商（ISP）一般采用低价策略占领市场，使用户支付的通讯费和网络使用费等大为降低，增加了网络的吸引力。

5. 交互性

网络的交互性是通过三个方面实现的：其一是通过网页实现实时的人机对话，这是通过在程序中预先设定的超文本链接来实现的；其二是通过电子公告板或电子邮件实现异步的人机对话；其三是通过即时通讯工具实现的，如腾讯 QQ、微软的 MSN 等。

另外，Internet 还具有合作性、虚拟性、个性化和全球性的特点。Internet 是一个没有中心的自主式开放组织，Internet 上的发展强调的是资源共享和双赢发展。

6.1.4　TCP／IP 协议

在 Internet 上规定使用的网络协议标准是 TCP/IP 协议。

TCP/IP 是传输控制协议/因特网互联协议（Transport Control Protocol/Internet Protocol）的缩写，它是每一台连入 Internet 的计算机都必须遵守的通信标准。有了 TCP/IP 协议，Internet 就可以有效地在计算机、Internet 网络服务提供商之间进行数据传输，不再会有任何隔阂。

TCP/IP 协议并不完全符合 OSI/RM 模型。传统的开放系统互联参考模型是一种通信协议的 7 层抽象参考模型，其中每一层执行某一特定任务。该模型的目的是使各种硬件在相同的层次上相互通信。而 TCP/IP 通讯协议采用了 4 层的层次结构，即应用层、传输层、互联网络层和网络接口层。

应用层主要向用户提供一组常用的应用程序，比如电子邮件、文件传输访问、远程登录等，应用层协议主要包括 SMTP、FTP、TELNET、HTTP 等。

传输层负责传送数据，并且确定数据已被送达并接收。它提供了节点间的数据传送服务，如传输控制协议（TCP）、用户数据报协议（UDP）等，TCP 和 UDP 给数据包加入传输数据并把它传输到下一层中。

互连网络层负责相邻计算机之间的通信，提供基本的数据封包传送功能，让每一块数据包都能够到达目的主机。网络层协议包括 IP、ICMP、ARP 等。

网络接口层主要对实际的网络媒体进行管理，定义如何使用实际网络（如 Ethernet、Serial Line 等）来传送数据。

TCP/IP 协议包括传输控制协议 TCP 和网际协议 IP 两部分。

1. TCP 协议

TCP 协议提供了一种可靠的数据交互服务，是面向连接的通信协议。它对网络传输只有基本的要求，通过呼叫建立连接、进行数据发送、最终终止会话，从而完成交互过程。它从发送端接收任意长的报文（即数据），将它们分成每块不超过 64 KB 的数据段，再将每个数据段作为一个独立的数据包传送。在传送中，如果发生丢失、破坏、重复、延迟和乱序等问题，TCP 就会重传这些数据包，最后接收端按正确的顺序将它们重新组装成报文。

2. IP 协议

IP 协议主要规定了数据包传送的格式，以及数据包如何寻找路径最终到达目的地。由于连接在 Internet 上的所有计算机都运行 IP 软件，使具有 IP 格式的数据包在 Internet 世界里畅通无阻。在 IP 数据包中，除了要传送的数据外，还带有源地址和目的地址。由于 Internet 是一个网际网，数据从源地址到目的地址，途中要经过一系列的子网，靠相邻的子网一站一站地传送下去，每一个子网都有传送设备，它根据目的地址来决定下一站传送给哪一个子网。如果传送的是电子邮件，且目的地址有误，则可以根据源地址把邮件退回发信人。IP 协议在传送过程中不考虑数据包的丢失或出错，纠错功能由 TCP 协议来保证。

上述两种协议，一个实现数据传送，一个保证数据的正确。两者密切配合，相辅相成，从而构成 Internet 上完整的传输协议。

6.1.5　IP 地址和域名

一般住房总有个门牌号码，这样邮递员才能把邮件准确无误地投寄到您的手中。在 Internet 中，为了实现与其他用户的通信，使用 Internet 上的资源，必须使用 IP 地址唯一标识 Internet 上的网络实体。而为了便于记忆和理解，Internet 引入了一种用字符表示的域名来代表 IP 地址。

1. IP 地址

Internet 上连接的计算机数以千万计，如何来辨认要进行数据传送的目的计算机呢？根据 IP 协议规定，在 Internet 上的每一台计算机，都必须拥有一个 Internet 地址（简称 IP 地址），并且以系统的方法，按国家、区域、地域等一系列的规则来分配，以确保数据在 Internet 上快速、准确地传送。在 Internet 上，IP 地址是唯一的，一个主机对应一个 IP 地址。

IP 地址由 32 位的二进制数组成。为了使用方便，IP 地址经常被写成十进制的形式，使用四组数字组成并用圆点"."分隔，例如 192.168.23.65。每个部分可以是 0～255 之间的十进制数，这种格式的地址称为"点分十进制"地址，采用这种编址方法可使 Internet 容纳 40 亿台计算机。

用户如果使用电话拨号上网，当用户的计算机连接到 Internet 上时，网络服务商（ISP）会临时分配用户一个 IP 地址；如果使用专线上网，则必须事先申请一个专有 IP 地址。

2. 域名系统

尽管利用 IP 地址就可以在计算机之间进行通信，但要记住这一串长长的数字不太容易，为此 Internet 引入了一种用字符表示的域名来代表 IP 地址。但是在 Internet 上是以 IP 地址来区分计算机的。因此，使用域名作为计算机的网址时，必须借助于域名服务器 DNS（Domain Name System）完成域名到 IP 地址的解析工作。

域名的写法类似于"点分十进制"的 IP 地址，用圆点将各级子域名分隔开，域的层次序列从右到左（即由高到低），分别称为顶级域名、二级域名、三级域名等。典型的域名结构为：主机名.单位名.机构名.国家名。例如：www.sina.com.cn，其中 sina 表示新浪公司的域名，com 表示域名所有者的性质为商业机构，cn 表示国家为中国。

网络中常见的机构或组织类型的域名及其含义如下：

- ❖ com 表示商业机构
- ❖ edu 表示教育机构
- ❖ gov 表示政府机构
- ❖ mil 表示军事机构
- ❖ net 表示网络服务提供者
- ❖ arts 表示文化娱乐
- ❖ film 表示公司企业
- ❖ org 表示非盈利组织
- ❖ int 表示国际机构(主要指北约组织)
- ❖ arc 表示康乐活动
- ❖ info 表示信息服务

另外，为了适应 Internet 在全球范围内的使用，在域名中增加了国家或地区的域名部分，它们采用两个字母表示国家或地区，主要国家或地区如下：

- ❖ cn 表示中国
- ❖ hk 表示香港(中国)
- ❖ tw 表示台湾(中国)
- ❖ fr 表示法国
- ❖ au 表示澳大利亚
- ❖ ca 表示加拿大
- ❖ jp 表示日本
- ❖ uk 表示英国
- ❖ kr 表示韩国
- ❖ ge 表示德国
- ❖ us 表示美国
- ❖ rs 表示俄罗斯联邦

3. URL 地址

在 WWW 上每一信息资源都有统一的且在网上唯一的地址，该地址就叫 URL(Uniform Resource Locator)，它是 WWW 的统一资源定位标志。URL 就像域名一样，也是 Internet 上的地址，但 URL 是计算机上网页文件的地址，而域名对应的是计算机的 IP 地址。URL 由 3 部分组成：资源类型、存放资源的主机域名及网页文件名。

当用浏览器(如 IE)浏览网页时，每一个网页都有唯一的 URL 地址，例如：

http：//www.xduph.com/index.html

其中，http 是 Hyper Text Transfer Protocol(超文本传输协议)的缩写，表示该资源类型是超文本信息；www.xduph.com 是西安电子科技大学出版社的主机域名；index.html 为网页文件名。在 IE 浏览器的地址栏中输入上述 URL 地址，就可以打开该网页。当 URL 省略网页文件名时，表示定位于 Web 站点的主页。

6.1.6　Internet 的应用

通过 Internet 可以进行全球电子邮件通信、查询和检索各种信息等。它的应用领域包括教育、科研、娱乐、购物、广告、旅游、可视电话会议、讨论小组、公司项目管理以及电子商务等。

Internet 发展到今天，提供的信息资源非常丰富，任何人在 Internet 上都可以找到他所感兴趣的主题，Internet 已经成为了信息资源的海洋。这里将介绍一下最常用的 Internet 应用。

1. 远程登录（Telnet）

远程登录是 Internet 提供的基本服务之一，它允许用户在本地机器上对远方节点进行账号注册，注册成功后，可以把本地机器看作是远方节点的一个终端，从而使用远方机器上的软、硬件资源。

远程登录的作用就是把本地主机作为远程主机的一台仿真终端使用，这是一种非常重要的 Internet 基本服务。事实上，Internet 上的绝大多数服务都可通过 Telnet 进行访问。

2. 文件传输（FTP）

文件传输是 Internet 的主要用途之一。使用基于 FTP（文件传输协议）的文件传输程序可以登录到 Internet 上的一台远程计算机。把其中的文件传送回自己的计算机系统，或者将本地计算机上的文件传送到远程计算机中。

3. 电子邮件（E-mail）

在 Internet 上，电子邮件（E-mail）系统拥有的用户最多，是最受欢迎的通信方式。用户可以通过 E-mail 系统同世界上任何地方的朋友交换电子邮件，只要对方也是 Internet 的用户。

电子邮件服务是计算机网络中应用最广泛和使用最频繁的一项服务。由于它的使用，加速了世界范围内的数据交换和信息传播。

4. 信息浏览（WWW）

WWW（World Wide Web）是一个基于超文本文档的分布式 Internet 数据库系统，用于描述 Internet 上所有可用信息和多媒体资源。

WWW 系统有时又称为 Web 系统，是由无数的网页（Web Page）组合在一起的信息世界。这些网页使用了一种被称为 HTML（超文本标记语言）格式的文件。所谓超文本是一种非常简单的结构，它是在普通文本的基础上增加了链接（Link）功能，即可以很方便地通过链接从一个页面跳到另一个页面，而这些页面遍布 Internet 世界。Web 页面的链接是非常神奇的，它使原本孤立、静止的文本有了互动的能力。这种互动的形式为人们搜索信息、获取知识提供了方便。

5. 新闻组（Newsgroups）

新闻组并非是传递新闻的地方，而是一种论坛，是 Internet 上一种让人们分享信息，交换意见与知识的地方。在新闻组上包含了科学、艺术、政治、商务、医疗、教育、娱乐等各方面的讨论主题。

新闻组成员必须使用一种称为 Newsread 的程序来访问新闻组，也可以使用 Outlook Express 访问新闻组，新闻组中的信息通常是保存在称为新闻服务器(News servers)的计算机中。

6. 电子公告板(BBS)

电子公告板系统(BBS)是英文 Bulletin Board System 的缩写，是一种远程电子通信手段。现在很多 BBS 在 Internet 上已经变成纯粹的"讨论区"，主要功能就是将所需内容以电子公告的形式进行发布，目前延伸为个人与个人之间、企业与个人、企业与企业之间的交流。

7. 即时通讯(IM)

即时通讯(Instant Messenger，简称 IM)是指通过互联网和其他网络开展的实时通讯。全世界第一个即时通讯软件 ICQ。目前国内最为流行的即时通讯软件是腾讯 QQ，它以良好的中文界面和不断增强的功能形成了一定的 QQ 网络文化。除此以外，还有淘宝的旺旺、网易的 POPO、多玩 YY 等都是各具特色的即时通讯工具，主要功能包括文字聊天、语音聊天、传送文件、远程协助、视频聊天、发送短信等。

6.2　浏览器的使用

上网必须要有浏览器，没有浏览器，就无法实现网上冲浪。网络浏览器是一种接受用户的请求信息后，到相应网站获取网页内容的专用软件。

6.2.1　常见的浏览器

最常见的网络浏览器就是微软的 Internet Explorer，除此之外，还有一些比较常见的浏览器，下面简要介绍几款网络浏览器。

1. Internet Explorer

Internet Explorer 简称 IE，是 Windows 操作系统自带的一款网络浏览器，也是目前市场占有率最高的，主要原因在于它捆绑于操作系统 Windows 中，而个人电脑的操作系统基本上都是微软的 Windows，所以 IE 占尽市场先机，几乎覆盖了整个市场，用户也习惯于先入为主，IE 自然成为使用最广泛的网页浏览器。

IE 的最新版本是 IE 9.0，捆绑在 Windows 7 操作系统中，而 Windows Vista 操作系统中捆绑的是 IE 7.0，Windows XP 操作系统中捆绑的是 IE 6.0。

2. 世界之窗

世界之窗(TheWorld)浏览器是一款采用 IE 内核的多选项卡浏览器，具有广告拦截、一键上网、贴心搜索等多项功能，没有任何功能限制，不捆绑任何第三方软件，可以干净卸载。

世界之窗浏览器兼容微软 IE 浏览器，可运行于 Windows 2000/XP 系列操作系统上，并且要求系统已经安装了 IE，推荐运行在 IE5.5 以上的版本，具有多线程窗口框架、浏览器性能优化、全新界面布局、自行开发的界面库等特性。

3. 傲游浏览器

傲游(Maxthon)浏览器是基于 IE 内核，并有所创新的个性化多选项卡浏览器，它允许在同一个窗口中打开多个页面，减少浏览器对系统资源的占用，提高网上冲浪的效率。同时它又能有效防止恶意插件，阻止各种弹出式、浮动式广告，加强网上浏览的安全。傲游无论从功能设计、界面设计还是交互设计上都是非常优秀的。

傲游的插件比 IE 更加丰富，按照浏览器可分为傲游插件和 IE 插件；按照代码性质可分为 Script 插件、COM 插件和 EXE 插件。

傲游集成了 RSS 阅读功能，阅读 RSS 时需要先打开傲游侧边栏。软件内置了 Maxthon、新浪网、百度网、天极网、新华网五个类别，只要打开其中一个列表，就会看到它们的子类别。

4. QQ 浏览器

QQ 浏览器是腾讯研发的网页浏览器，采用双核引擎设计，满足你在不同网页环境下的使用需求，当然，QQ 浏览器是腾讯开发的浏览器，那么也能和你的 QQ 账号绑定，随时随地都能漫游网页收藏。

QQ 浏览器采用全新 UI 设计，支持透明效果，强大的皮肤引擎带来完美的视觉和使用体验，全面优化的双核引擎，webkit 和 IE 双内核智能无缝切换，浏览快速稳定，完美支持 windows 7，支持 windows 7 下各种人性化应用。

5. 360 安全浏览器

360 安全浏览器简称 360SE，是互联网上非常好用和安全的新一代浏览器，它以全新的安全防护技术向浏览器安全界发起了挑战，号称全球首个"防挂马"浏览器。

木马已经取代病毒成为当前互联网上最大的威胁，90% 的木马用挂马网站通过普通浏览器入侵，每天有 200 万用户访问挂马网站中毒。360 安全浏览器拥有全国最大的恶意网址库，采用恶意网址拦截技术，可自动拦截挂马、欺诈、网银仿冒等恶意网址。

除了安全防护方面具有"百毒不侵"的优势以外，360 安全浏览器在速度、资源占用、防假死不崩溃等基础特性上同样表现优异，在功能上则拥有翻译、截图、鼠标手势、广告过滤等几十种实用功能。

6. 火狐浏览器

火狐浏览器的英文全称为 Mozilla Firefox，体积小速度快，是一个开源网页浏览器，使用 Gecko 引擎(即非 IE 内核)，由 Mozilla 基金会与数百个志愿者所开发，适用于 Windows、Linux 和 MacOS X 平台。

火狐浏览器内置了分页浏览、广告拦截、即时书签、界面主题、下载管理器和自定义搜索引擎等功能，用户可以根据需要添加各种扩展插件来满足个人的要求。另外，它对最新的 HTML、XHTML、CSS、Java Script、MathML、XSLT 和 XPath 的支持很完整，还支持 PNG 格式图片的透明图层以及大部分 CSS2 和一部分 CSS3。

6.2.2　认识 IE 的界面构成

使用 Internet Explorer 浏览信息，首先需要启动 IE 浏览器。启动 Internet Explorer 方法很简单，如果计算机已经连接上网，双击桌面上的 图标，或者单击"开始"/"Internet

Explorer"命令，即可启动 IE 浏览器。

启动后，屏幕会显示 IE 浏览器的主页窗口，本节以 Internet Explorer 9.0 为例介绍界面构成，如图 6－1 所示。

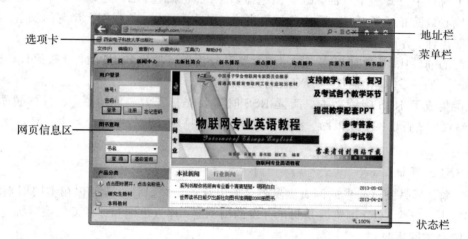

图 6－1　Internet Explorer 浏览器窗口

IE 窗口的组成如下：

❖ 地址栏：用于输入或显示当前网页的 URL 地址。其前方的两个按钮分别是"返回"和"前进"，用于转到上一次查看的网页或者转到下一个网页。

❖ 选项卡：显示当前网页的标题，每打开一个网页就会出现一个选项卡，单击其右侧的"×"号可以关闭当前网页。

❖ 菜单栏：提供对 IE 的大部分操作命令。

❖ 网页信息区：显示包括文本、图像、声音等网页信息。

❖ 状态栏：显示当前的工作状态，并且可以改变网页的显示比例。

6.2.3　轻松浏览 Web 页

在 IE 浏览器中所看到的画面就是网页，也称为 Web 页。多个相关的 Web 页一起构成了一个 Web 站点，放置 Web 站点的计算机称为 Web 服务器。

浏览 Web 页上的信息可以使用多种方法，如直接在 IE 浏览器的地址栏中输入网站的网址、在 Web 页面中通过超链接进入、通过历史记录或收藏夹进入。

1. 浏览指定的 Web 页

连接到 Internet 以后，打开 IE 浏览器，只要在浏览器的地址栏中输入 Web 页的地址，就可以访问任何一个连接在 Internet 上的 Web 页。

所有的网页都有一个被称为统一资源定位器（URL）的地址。URL 是指网页所在的主机名称及存放的路径。每一个 Web 页都有自己唯一的地址，URL 是在 Internet 上标准化的网页地址，其一般格式为：访问协议：//＜主机．域＞［：端口号］/路径/文件名，例如：http：//www.chinaren.com/s2005/mtv.shtml。

浏览指定的 Web 页的操作步骤如下：

（1）在浏览器的地址栏中单击鼠标，使地址栏中的字符反白显示，如图 6－2 所示。

图 6-2　使地址栏中的字符反白显示

（2）输入要浏览的 Web 页地址，如"http：//www.chinaren.com"。

（3）按下回车键，即可打开相应的 Web 页。

2. 浏览最近访问过的 Web 页

在 IE 浏览器地址栏的下拉列表和历史记录浏览栏中保存着用户近期浏览过的网站地址。如果要访问的网站是近期曾经浏览过的，可以在地址栏下拉列表或历史记录浏览栏中快速访问 Web 页，而无需在地址栏中重新输入网址。

如果要浏览最近访问的网站，最简单的方法就是使用地址栏下拉列表访问，具体操作步骤如下：

（1）打开 IE 浏览器窗口。

（2）打开地址栏下拉列表，如图 6-3 所示。

图 6-3　地址栏下拉列表

（3）在地址下拉列表中选择要访问的 Web 页地址，即可在网页信息区打开相应的Web 页。

另外，如果用户访问过的 Web 页地址不在下拉列表中，还可以使用历史记录浏览栏。历史记录浏览栏中存放了用户最近访问过的 Web 页地址。用户可以凭借日期、站点、访问次数、今天的访问次序等条件快速访问曾经打开过的 Web 页。

使用历史记录浏览栏访问网页的操作步骤如下：

（1）打开 IE 浏览器窗口。

（2）单击菜单栏中的"查看"/"浏览器栏"/"历史记录"命令，或者单击地址栏右侧☆按钮，打开历史记录浏览栏，如图 6-4 所示。

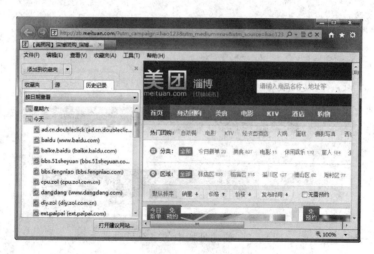

图 6-4　历史记录浏览栏

（3）在历史记录浏览栏下方的下拉列表中可以选择显示依据，如选择"按日期查看"选项，系统将显示指定日期范围内用户曾浏览过的 Web 页地址列表。

（4）在历史记录浏览栏的 Web 页地址列表中选择要浏览的 Web 页地址，即可在网页信息区打开指定的 Web 页。

3. 收藏 Web 页

对于经常浏览的 Web 页地址，用户可以将它保存在浏览器的收藏夹中。收藏夹是 IE 为用户准备的一个专门存放自己喜爱的 Web 页的文件夹，把 Web 页地址保存到收藏夹以后，用户不仅可以通过收藏夹直接打开相应的 Web 页，还可以在没有联网的脱机状态下重新显示该 Web 页。将 Web 页添加到收藏夹的具体操作步骤如下：

（1）打开要收藏的 Web 页。

（2）单击菜单栏中的"收藏"/"添加到收藏夹"命令，则弹出"添加收藏"对话框，如图 6-5 所示。

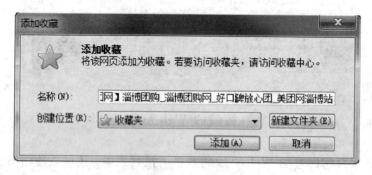

图 6-5　"添加到收藏夹"对话框

（3）单击 添加(A) 按钮，可以将 Web 页地址添加到收藏夹中。

6.2.4　设置 IE 默认主页

使用 Internet Explorer 查看网页信息时，可以根据需要更改 Internet Explorer 的设置，例如，将经常查看的网页设置为主页，一旦启动 IE 浏览器，就会自动打开该 Web 页。假设我们要把百度网站的首页设置为主页，可以按如下步骤操作：

（1）在浏览器地址栏中输入 www. baidu. com，进入百度的首页。

（2）单击菜单栏中的"工具"/"Internet 选项"命令，在打开的"Internet 选项"对话框中切换到"常规"选项卡，如图 6-6 所示。

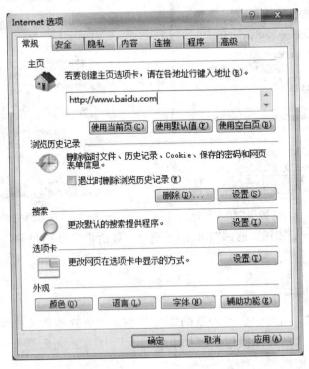

图 6-6　"Internet 选项"对话框

（3）在"主页"选项组中单击 使用当前页(C) 按钮，并单击 确定 按钮，即可完成设置。

另外，如果在"主页"文本框中输入相应的主页地址，然后单击 确定 按钮，可以将当前输入的地址设置为主页。单击 使用默认值(F) 按钮，可以使用浏览器生产商 Microsoft 公司的首页作为主页；单击 使用空白页(B) 按钮，系统将设置一个不含任何内容的空白页为主页，即 about：blank，这时启动 IE 浏览器将不打开任何 Web 页。

6.2.5　清除 IE 的使用痕迹

上网过程中，IE 会将下载的部分网页信息存储在本地磁盘的 Internet 临时文件夹中。当使用 IE 的时间比较长时，其中就会存在大量的历史记录，如临时文件、Cookies、历史记录和表单数据等，如果要对它们进行清理，具体操作步骤如下：

（1）启动 IE 浏览器，单击菜单栏中的"工具"/"Internet 选项"命令。

（2）在打开的"Internet 选项"对话框中切换到"常规"选项卡，这时可以看到有五组选项，如图 6-7 所示。

（3）在"浏览历史记录"选项组中单击 删除(D)... 按钮，在弹出的"删除浏览的历史记录"对话框中选择要删除的选项，如图 6-8 所示。

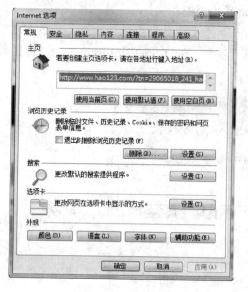 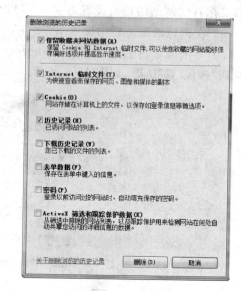

图 6－7　"Internet 选项"对话框　　　　　图 6－8　"删除浏览的历史记录"对话框

（4）单击 删除(D) 按钮，返回"Internet 选项"对话框，最后单击 确定 按钮确认操作即可。

6.2.6　保存网页信息

浏览网页的时候，网页中会有大量的图文信息，如果这些内容非常重要，我们可以将它保存下来。保存网页的具体操作步骤如下：

（1）打开要保存的网页。

（2）单击菜单栏中的"文件"/"另存为"命令，如图 6－9 所示。

图 6－9　执行"另存为"命令

（3）打开"保存网页"对话框，在对话框中设置保存位置、文件名称以及保存类型等选项，单击 保存(S) 按钮，即可完成保存网页的操作，如图 6－10 所示。

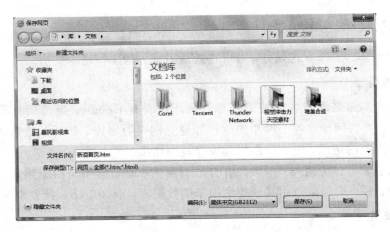

图 6-10　保存网页

> 　　保存网页时，如果保存的类型是"网页，全部"，保存后将产生多个文件夹，用于放置网页中的图片等。如果保存的类型是"Web 文档，单个文件"，保存后只有一个文件。

6.3　搜 索 引 擎

　　要快速地找到所需的资源，需要借助于搜索引擎。在网络上，提供搜索功能的网站非常多，如百度、谷歌、搜狗等，另外有一些门户网站也提供了搜索功能，如新浪、网易、搜狐、腾讯、雅虎等。在这些网站上都可以搜索到我们需要的信息。

6.3.1　什么是搜索引擎

　　搜索引擎(Search Engine)是为用户提供检索服务的系统，它根据一定的策略，运用特定的计算机程序搜集互联网上的信息，并对信息进行组织和处理，将处理后的结果显示给用户。

　　通俗地理解，搜索引擎就是一个网站，但它专门为网民们提供信息检索服务。与一般网站的区别是，它自动搜寻 Web 服务器的信息，然后将信息进行分类、建立索引，再把索引的内容放到数据库中，供用户进行检索。搜索引擎的工作过程分为三个方面：

　　第一，抓取网页。每个搜索引擎都有自己的网页抓取程序，通常称为"蜘蛛"(Spider)程序、"爬虫"(Crawler)程序或"机器人"(Robot)程序，这三种称法意义相同，作用是顺着网页中的超链接连续抓取网页，被抓取的网页称之为网页快照。

　　第二，处理网页。搜索引擎抓取网页以后，需要进行一系列处理工作，例如，提取关键字、建立索引文件、删除重复网页、判断网页类型、分析超链接等，最后送至网页数据库。

　　第三，提供检索服务。当用户输入关键字进行检索时，搜索引擎将从网页数据库中找到匹配的网页，以列表的形式罗列出来，供用户查看。

6.3.2 搜索引擎的基本类型

按照搜索引擎的工作方式划分，可以将搜索引擎分为 4 种基本类型。

1. 全文索引

全文索引引擎是名副其实的搜索引擎，国外代表有 Google，国内则有著名的百度搜索。它们都是从互联网提取各个网站的信息并建立网页数据库，然后从数据库中检索与用户查询条件相匹配的记录，按一定的排列顺序返回结果。

全文搜索引擎可分为两类：一类拥有自己的网页抓取、索引与检索系统，Google 和百度都属于此类；另一类则是租用其他搜索引擎的数据库，例如 Lycos 搜索引擎。

2. 目录索引

目录索引虽然有搜索功能，但严格意义上不能称为真正的搜索引擎。它将网站链接按照不同的分类标准进行分类，然后以目录列表的形式提供给用户，用户不需要依靠关键字（Keywords）来查询，按照分类目录就可以找到所需要的信息。

目录索引中最具代表性的网站就是 Yahoo，另外，国内的新浪、网易也属于这一类。它们将互联网中的信息资源按照一定的规则整理成目录，用户逐级浏览就可以找到自己所需要的内容。

3. 元搜索引擎

元搜索引擎又称多搜索引擎，它是一种对多个搜索引擎的搜索结果进行重新汇集、筛选、删并等优化处理的搜索引擎。"元"（Meta）为"总的"、"超越"之意，元搜索引擎就是对多个独立搜索引擎的整合、调用、控制和优化利用。

元搜索的最大特点是没有独立的网页数据库。比较著名的元搜索引擎有 InfoSpace、Dogpile、Vivisimo 等，国内目前比较好的元搜索只有比比猫。

4. 垂直搜索引擎

垂直搜索引擎是 2006 年以后逐步兴起的一种搜索引擎，它专注于特定的搜索领域和搜索需求，如机票搜索、旅游搜索、生活搜索、小说搜索等。垂直搜索引擎是针对某一个行业的专业搜索引擎，是通用搜索引擎的细分和延伸，它对网页数据库中的某类信息进行整合，抽取出需要的数据进行处理并返回给用户。

6.3.3 搜索引擎的基本法则

通过搜索引擎来查找自己想要的网址或信息是最快捷的方法，因此掌握基本的搜索语法及使用方法是十分必要的。在使用关键字实现搜索的过程中，主要运用好以下几个法则即可，它们分别是 AND（与）、OR（或）、NOT（非）。

1. 逻辑"与"的关系

逻辑"与"表示求交集，例如"青年 & 教师"。使用搜索引擎填写关键字时，可以使用空格、逗号、加号和 & 表示"与"的关系，例如要搜索西安电子科技大学出版社的单片机方面的图书，可以输入关键字"西安电子科技大学出版社,单片机"，这样就可以得到两个关键字的交集，只有同时满足这两个条件的内容才被罗列出来。

2. 逻辑"或"的关系

逻辑"或"表示求并集，例如"教授|高工"。在搜索引擎中填写关键字时，可以使用字符"|"表示"或"的关系，例如要搜索"张学友"或者"刘德华"的信息，可以输入关键字"张学友|刘德华"，这样就可以得到两个关键字的并集，满足任何一个条件的内容都会罗列出来。

3. 逻辑"非"的关系

逻辑"非"表示排除关系，在搜索引擎中填写关键字时，使用减号表示"非"的关系，例如要搜索"Photoshop 教程"，但不包括"英文"的信息，可以输入关键字"Photoshop 教程-英文"，这里的"-"必须是英文字符，并且前面必须留有一个空格。

6.3.4　确定关键字的原则

搜索网络信息时，关键字的选择非常重要，它直接影响到我们的搜索结果。关键字的选择要准确，有代表性，符合搜索的主题。确定关键字时可以参照以下原则：

（1）提炼要准确。提炼查询关键字的时候一定要准确，如果查询的关键字不准确，就会搜索出大量的无关信息，与自己要查询的内容毫不相关。

（2）切忌使用错别字。在搜索引擎中输入关键字时，最好不要出现错别字，特别是使用拼音输入法时，要确保输入关键字的正确性。如果关键字中使用了错别字，会大大降低搜索的效率，致使返回的信息量变少，甚至搜索到错误信息。

（3）不要使用口语化语言。我们的日常交流主要运用口语，但是在网络上搜索信息时，要尽可能避免使用口语作为关键字，这样可能得不到想要的结果。

（4）使用多个关键字。搜索信息时要学会运用搜索法则，运用多个关键字来缩小搜索范围，这样更容易得到结果。

6.4　电子邮件的使用

网络技术的发展改变了我们的生活。以前需要通过邮局才能收发的信件，现在可以通过互联网的电子邮箱功能来实现，真正实现了无纸化通讯，既经济方便，又快速迅捷。电子邮件是办公、交友的实用工具之一。

6.4.1　认识电子邮件

电子邮件即 E-Mail，是指通过计算机网络进行传送的邮件，它是 Internet 的一项重要功能。电子邮件是现代社会进行通讯、传输文字、图像、语音等多媒体信息的重要渠道。电子邮件与人工邮件相比，具有速度快、可靠性高、价格便宜等优点，而且不像电话那样要求通信双方必须同时在场，可以一信多发，或者将多个文件集成在一个邮件中传送等。所以，电子邮件也是电话和传真所无法比拟的。

6.4.2　电子邮件地址格式

使用电子邮件要有一个电子邮箱，用户可以向 Internet 服务提供商提出申请。电子邮箱实际上是在邮件服务器上为用户分配的一块存储空间，每个电子邮箱对应着一个邮箱地址（或称为邮件地址），其格式如下：

　　用户名@域名

　　其中，用户名是用户申请电子信箱时与 ISP 协商的一个字母与数字的组合；域名是 ISP 的邮件服务器；字符"@"是一个固定符号，发音为英文单词"at"。

　　例如：orange@sina.com 就是一个电子邮件地址。

6.4.3　申请免费电子邮箱

　　Internet 上有很多网站都为用户提供免费电子邮箱，下面以申请163邮箱为例，介绍申请免费电子邮箱的方法。

　　（1）启动 IE 浏览器并在地址栏中输入 http：//email.163.com，按下回车键，进入网易邮箱网页，单击其中的"注册网易免费邮"文字链接，如图 6-11 所示。

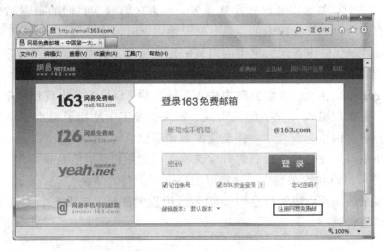

图 6-11　新浪邮箱网页

　　（2）进入申请网易邮箱的页面，这里提供了两种注册方式：一是注册字母邮箱；二是注册手机号码邮箱。这里选择前一项并根据提示输入邮箱地址、密码和验证码，然后单击 立即注册 按钮，如图 6-12 所示。

图 6-12　输入邮箱名称和验证码

（3）这时进入注册邮箱的第二步，要求输入验证码。用户输入手机号码以后，单击 ![免费获取短信验证码] 按钮，则手机会收到一条短信获得验证码，输入该验证码，如图 6-13 所示。

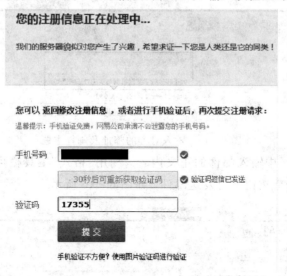

图 6-13 输入验证码

（4）单击 ![提交] 按钮，则完成免费的申请，同时进入该邮箱并出现一个提示框，如图 6-14 所示，关闭它即可。

图 6-14 提示框

6.4.4 Web 格式邮件的使用

要收发电子邮件时必须先登录邮箱。一般情况下，通过网站的主页就可以直接登录邮箱，登录时只需要输入邮箱名称和密码。另外，在邮箱的主页面中也可以直接登录邮箱，进入邮箱以后就可以处理邮件了。

1. 编写并发送邮件

编写并发送邮件的具体操作方法如下：

（1）进入邮箱以后单击 ![写信] 按钮，进入写信页面。

（2）在"收件人"文本框中输入对方的邮址；在"主题"文本框中输入邮件内容的简短概

括，方便收件人查阅，如图 6－15 所示。

图 6－15　输入对方的邮址及邮件主题

（3）在邮件编辑区中输入邮件的正文内容，利用"格式"工具栏可以格式化文本，编辑完信件以后，单击 发送 按钮即可发送邮件，如图 6－16 所示。

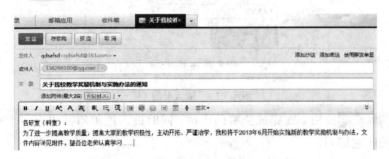

图 6－16　输入并发送邮件

　　　　如果要把同一封电子邮件发送给多个人，则在"收件人"邮址的上方单击"添加抄送"超链接，这时出现"抄送"文本框，在该文本框中输入抄送人的邮址即可，抄送多人的话，邮址之间用逗号"，"分隔。

2. 添加附件

附件是单独的一个电脑文件，可以附在邮件中一起发给对方。撰写邮件时，一般情况下只写邮件正文，而其他的文件，如图片、音乐或动画等文件则通过添加附件的方式发送给对方。

添加附件时，由于不同网站的邮箱容量不一样大，对附件的大小要求也不一样，因此添加附件前要了解邮箱对附件大小的要求，同时还要知道对方邮箱容量的大小，如果添加的附件较大，可以先将它们压缩，以减小附件大小，并缩短收发邮件的时间。添加附件的具体操作方法如下：

（1）按照前面的方法撰写邮件，分别写好收件人地址、主题、邮件正文等，然后单击 添加附件(最大2G) 按钮，如图 6－17 所示。

（2）在弹出的"选择要上载的文件"对话框中选择要添加的文件，单击 打开(O) 按钮则将该文件添加为附件，如图 6－18 所示。

图 6-17　添加附件

图 6-18　选择要添加的文件

（3）用同样的方法，可以添加其他附件。如果要删除已添加的附件，可以单击附件名称右侧的 删除 按钮将其删除。

（4）单击 发送 按钮，则附件将与邮件正文一起发送到对方的邮箱中。

6.4.5　删除邮件

邮箱的容量是有限的，当旧邮件过多时，新的邮件可能就收不进来了，因此需要及时清理邮箱，将没用的邮件删除。删除邮件的操作方法很简单，在收件箱的邮件列表中选择要删除的邮件，单击 删除 按钮即可，如图 6-19 所示。

图 6-19　删除邮件

习　　题

一、填空题

1. （　　　　　）是指网页所在的主机名称及存放的路径。每一个 Web 页都有自己唯一的地址，（　　　　　）是在 Internet 上标准化的网页地址。

2. 到 20 世纪末，已先后建成（　　　　　）、中国教育和科研网（CERNET）、中国金桥网（CHINAGBN）和四大中国互联网主干网。

3. （　　　　　）是 IE 为用户准备的一个专门存放自己喜爱的 Web 页的文件夹。

4. （　　　　　）是为用户提供检索服务的系统，它根据一定的策略，运用特定的计算机程序搜集互联网上的信息，并对信息进行组织和处理，将处理后的结果显示给用户。

5. 在使用关键字实现搜索的过程中，主要运用好几个法则即可，它们分别是（　　　　）、（　　　　）、NOT（非）。

6. （　　　　）是单独的一个电脑文件，可以附在邮件中一起发给对方。撰写邮件时，一般情况下只写邮件正文，而图片、音乐或动画等文件则通过（　　　　）的方式发送给对方。

7. （　　　　）是指通过计算机网络进行传送的邮件，它是 Internet 的一项重要功能。

二、简答题

1. 怎样将自己喜欢的网页设置为主页？

2. 简述搜索引擎的几个基本法则。

3. 如何将新浪网首页添加到收藏夹中？

4. 如何将同一封电子邮件发送给多个人？

5. 常用的网页浏览器中你喜欢哪个浏览器？为什么？

三、操作题

1. 为自己申请一个免费的 163 邮箱，并给朋友发送一封信，并通过添加附件的方法将自己整理的图片发送给朋友。

2. 打开 Microsoft outlook，将自己多个朋友的邮箱添加到通讯簿中，并向其中一个朋友发送一封问候的电子邮件。

 多媒体与常用工具软件应用

1. 掌握多媒体技术的基本知识
① 多媒体文件的格式，选择浏览方式；
② 获取文本、图像、音频、视频等常用多媒体素材。
2. 掌握图像处理
① 使用常用图像处理软件编辑加工图像文件；
② 使用和安装音频、视频播放软件；
③ 使用软件对音频、视频文件进行格式转换；
④ 使用软件对音频、视频文件进行简单编辑加工。
3. 熟悉常用工具软件的使用
① 文件压缩与解压；
② 杀毒软件的使用；
③ 数据备份；
④ 会使用软件备份和恢复操作系统。

应用情景

　　王浩作为计算机系统维护工程师，需要使用一些常用的工具软件，比如：为了方便通过网络传输文件和节省文件存储空间需要使用到压缩软件，在制作PPT或其他材料时要对图片进行处理和加工，需要使用到图像处理软件。同时，如何防范病毒，保证电脑和信息的安全也是一个刻不容缓的问题。

7.1　多媒体基础知识

7.1.1　图像的基础知识

　　图像是信息传递的重要方式，也是多媒体技术研究中的重要媒体之一。它是人类视觉所感受到的一种形象化的信息，特点是生动形象、直观可见。使用计算机来处理图像数据，首先必须将图片数字化处理。

1. 位图与矢量图

　　数字图像以文件的形式保存，即图像文件，从图像数据的表示方法上，可以将图像分为两大类——位图和矢量图。前者以点阵的形式描述图形图像，后者以数学方法描述由几

何元素组成的图形图像。通常我们将点阵图称为图像，把矢量图称为图形。

（1）位图。位图又称为"栅格图或点阵图"，由描述图像的各个像素点的明暗强度与颜色的位数集合组成，工作方式类似于我们在画布上作画。将图像放大到一定的程度，就会发现它是由一个个小栅格组成的，这些小栅格称为像素，像素点是图像中最基本的元素，位图图像的大小与质量取决于图像中像素点的多少。Photoshop 编辑的图像就是位图，处理位图时，实际上是编辑像素而不是图像本身。因此，在表现图像中的阴影和色彩的细微变化方面或者进行一些特殊效果处理时，位图是最佳的选择，但是位图的清晰度与其分辨率有关，因此，利用 Photoshop 处理图像时，要根据实际情况设置分辨率，否则图像中将出现锯齿边缘，甚至会遗漏图像的细节，如图 7－1 所示。

图 7－1　位图

（2）矢量图。矢量图由一些几何图形，如点、线、矩形、多边形、圆和弧线等元素组成，在计算机中记录了这些几何图形的形状参数与属性参数，这些参数值决定了图形应如何显示在屏幕上。例如：一个圆可以表示成圆心在(x1，y1)上，半径为 r 的图形；一个矩形可以通过指定左上角的坐标(x1，y1)和右下角的坐标(x2，y2)的四边形来表示；线条可以用一个端点的坐标(x1，y1)和另一个端点的坐标(x2，y2)的连线来表示。当然还可以为每种元素再加上一些属性，如边框线的宽度、颜色，边框线是实线还是虚线，中间填充什么颜色等。然后把这些元素的代数式和它们的属性作为文件存盘，就生成了所谓的矢量图（也叫向量图）。所以矢量图文件相对比较小，而且图形颜色的多少与文件大小基本无关。

矢量图可以按任意分辨率进行打印，而不会丢失细节或降低清晰度。因此，矢量图形最适合表现醒目的图形。由于矢量图没有精度的概念，因而任意缩放图形都不会出现锯齿，如图 7－2 所示。

图 7－2　矢量图

一般来说，位图能够细致、真实地描述对象，但是进行放大图像时会失真；而矢量图无论如何放大都不失真，但是难以表现色彩层次丰富的图像。表 7-1 是位图与矢量图特点的比较。

表 7-1　位图与矢量图特点的比较

类　别	特　　　点
位图	（1）位图文件所占的存储空间大，对于高分辨率的彩色图像，消耗的硬盘空间、内存与显存都比较大 （2）在色彩、色调方面的表现力丰富而且直观，尤其在表现图像的阴影和色彩的细微变化方面效果更佳 （3）位图图像的大小、清晰度等与分辨率密切相关，分辨率越大，图像越清晰，占用的磁盘空间也越大 （4）位图图像放大到一定倍数后，会产生失真（变模糊），甚至出现锯齿
矢量图	（1）文件小，保存的是图形文件的代数式与属性信息 （2）矢量图形文件与分辨率无关，只与图形的复杂程度有关，对图形进行缩放、旋转或变形操作时，不产生锯齿效果 （3）难以表现色彩层次丰富的逼真效果，不适合表示人物或风景照片等复杂图像 （4）可以按最高分辨率显示到输出设备上

2. 图像文件的属性

介绍了计算机中图像的两大类型以后，接下来了解一下图像文件的相关属性或技术指标，这里所说的图像是指位图，它有三个基本属性：分辨率、色彩深度和文件大小。

（1）分辨率。在位图中，图像的分辨率是指单位长度上的像素数，习惯上用每英寸中的像素数来表示（即 pixels per inch，简写为 ppi）。相同尺寸的图像，分辨率越高，单位长度上的像素数越多，图像越清晰；分辨率越低，单位长度上的像素数越少，图像越粗糙。例如，分辨率为 72 ppi 时，1×1 英寸的图像总共包含 5184 个像素（72 像素宽×72 像素高＝5184）。同样是 1×1 英寸，但分辨率为 300 ppi 的图像总共包含 90 000 个像素，所以高分辨率的图像通常比低分辨率的图像表现出更精细的颜色变化。

这里介绍的是图像的分辨率。实际上，分辨率是一个很综合的概念，还代表着输入、输出或者显示设备的清晰度等级。我们在处理图像时，涉及"显示器的分辨率"、"图像的分辨率"和"打印机的分辨率"三个方面。

"显示器的分辨率"是指在显示器屏幕上单位长度显示的像素数。通常显示器的分辨率是 96 ppi。在 Photoshop 中，图像的像素是直接转换为显示器的像素的。因此，96 ppi、1×1 厘米的图像在显示器上显示为原大小；但是 192 ppi、1×1 厘米的图像在显示器上则显示为 2×2 厘米。

"打印机的分辨率"是指输出图像时单位长度上的油墨点数，通常以 dpi 表示。打印机的分辨率决定了输出图像的质量。

一般地，图像的质量决定于图像自身的分辨率及打印机的分辨率，而与显示器的分辨率无关。

（2）颜色深度。颜色深度也称作位深，是指表示一个像素所需的二进制数的位数，以比特（bit）作为单位。颜色深度一般写成 2 的 n 次方，n 代表位数，反映了构成图像颜色的总数目，位数越高，图像的颜色越丰富。当用 1 位二进制数表示像素时，即单色（黑白）图像，这时只有黑色、白色两种颜色，如图 7-3 所示；当用 8 位二进制数表示像素时，即灰度图像，它可以由 0～255 的不同灰度值来表示图像的灰阶，如图 7-4 所示；当位数达到 24 位时，可以表现出 1680 万种颜色。一般认为当采用 24 位色彩深度时就已经达到人眼分辨能力的极限，因此 24 位颜色也称为"真彩色"。

图 7-3　黑白图像　　　　　　　　　　　　图 7-4　灰度图像

（3）图像文件大小。计算机以字节（byte）为单位表示图像文件的大小，数据量大是图像数据的显著特点，即使使用压缩算法存储的文件格式，数据量也是相当大的，图像文件的大小与图像所表现的内容无关，与图像的尺寸、分辨率、颜色数量用文件格式有关。

一般地，图像文件越大，所占用的计算机资源就越多，处理速度就越慢。

3. 颜色模式

在进行图形图像处理时，颜色模式以建立好的描述和重现色彩的模型为基础，每一种模式都有它自己的特点和适用范围，用户可以按照制作要求来确定颜色模式，并且可以根据需要在不同的颜色模式之间转换。

（1）RGB 颜色模式。RGB 模式是基于光色的一种颜色模式，所有发光体都是基于该模式工作的，例如电视机、电脑显示器、幻灯片等都是基于 RGB 模式来还原自然界的色彩。

在该模式下，R 代表 Red（红色），G 代表 Green（绿色），B 代表 Blue（蓝色），这三种颜色就是光的三原色，每一种颜色都有 256 个亮度级别，所以三种颜色通过不同比例的叠加就能形成约 1680 万种颜色（真彩色），几乎可以得到大自然中所有的色彩。

通俗地理解 RGB 模式，可以把它想象成红、绿、蓝三盏灯，当它们的光相互叠加的时候，就会产生不同的色彩，如图 7-5 所示，并且每盏灯有 256 个亮度级别，当值为 0 时表示"灯"关掉，当值为 255 时表示"灯"最亮。

图 7-5　RGB 模型

（2）CMYK颜色模式。CMYK模式是针对印刷的一种颜色模式。印刷需要油墨，所以CMYK模式对应的媒介是油墨（颜料）。在印刷时，通过洋红（Magenta）、黄色（Yellow）、青色（Cyan）三原色油墨进行不同配比的混合，可以产生非常丰富的颜色信息，我们使用从0至100%的浓淡来控制。从理论上来说，只需要CMY三种油墨就足够了，它们三个100%地混合在一起就应该得到黑色。但是由于目前制造工艺还不能造出高纯度的油墨，所以CMY混合后的结果实际是一种暗红色。因此，为了满足印刷的需要，单独生产了一种专门的黑墨（Black），这就构成了CMYK印刷4分色，如图7-6所示。

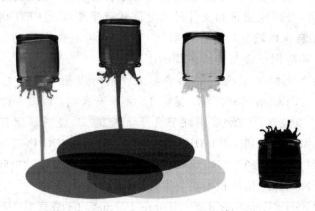

图7-6　CMYK模型

制作用于印刷的图像时要使用CMYK颜色模式。RGB颜色模式的图像转换成CMYK颜色模式的图像会产生失色，因为RGB模式的色域更广。

（3）HSB颜色模式。这是一种从视觉的角度定义的颜色模式。基于人类对色彩的感觉，HSB模型描述颜色的三个特征：将色彩分为H（Hue：色相）、S（Saturation：饱和度）和B（Brightness：亮度）三个要素。

色相即颜色的名称，是指光经过折射或反射后产生的单色光谱，即纯色，它组成了可见光谱，并用360°的色轮来表现；饱和度指颜色的纯度或鲜浊度，表示色相中彩色成分所占的比例，用0~100%的百分比来度量；亮度指颜色的相对明暗程度，通常以0~100%的百分比来度量。

（4）索引颜色模式。索引颜色模式最多使用256种颜色，当将图像转换为索引颜色模式时，通常会构建一个调色板存放并索引图像中的颜色。如果原图像中的一种颜色没有出现在调色板中，程序会选取已有颜色中最相近的颜色或使用已有颜色模拟该种颜色。

在索引颜色模式下，通过限制调色板中颜色的数目可以减小文件的大小，同时保持视觉上的品质不变。在网页中常常需要使用索引模式的图像。

4. 常见的图像文件格式

图像文件格式是指计算机表示和保存图像的方法。每一种图像处理软件几乎都有各自的方式处理图像，用不同的格式存储图像。为了利用已有图像文件，我们必须了解主要的图像格式，以便在需要时对它们进行图像格式的转换。

（1）JPEG格式。JPEG是Joint Photographic Experts Group（联合图像专家组）的缩写，文件后辍名为".jpg"或".jpeg"，是最常用的图像文件格式，由一个软件开发联合会组织制定，是一种有损压缩格式，能够将图像压缩在很小的储存空间，图像中重复或不重要的资料会被丢失，因此容易造成图像数据的损伤。尤其是使用过高的压缩比例，将使最终解压缩后恢复的图像质量明显降低，如果追求高品质图像，不宜采用过高压缩比例。但是 JPEG 压缩技术十分先进，它用有损压缩方式去除冗余的图像数据，在获得极高的压缩率的同时能展现十分丰富生动的图像，换句话说，就是可以用最少的磁盘空间得到较好的图像品质。而且 JPEG 是一种很灵活的格式，具有调节图像质量的功能，允许用不同的压缩比例对文件进行压缩，支持多种压缩级别，压缩比率通常在 10∶1 到 40∶1 之间，压缩比越大，品质就越低；相反地，压缩比越小，品质就越好。比如可以把 1.37 Mb 的 BMP 位图文件压缩至 20.3 KB。当然也可以在图像质量和文件尺寸之间找到平衡点。JPEG 格式压缩的主要是高频信息，对色彩的信息保留较好，适合应用于互联网，可减少图像的传输时间，可以支持 24 bit 真彩色，也普遍应用于需要连续色调的图像。

JPEG 格式是目前网络上最流行的图像格式，是可以把文件压缩到最小的格式，在 Photoshop 软件中以 JPEG 格式储存时，提供 13 级压缩级别，以 0～12 级表示。其中 0 级压缩比最高，图像品质最差。即使采用细节几乎无损的 12 级质量保存时，压缩比也可达 5∶1。以 BMP 格式保存时得到 4.28 MB 图像文件，在采用 JPG 格式保存时，其文件仅为 178 KB，压缩比达到 24∶1。经过多次比较，采用第 8 级压缩为存储空间与图像质量兼得的最佳比例。JPEG 文件的优点是体积小巧，并且兼容性好。

（2）GIF 格式。GIF（Graphics Interchange Format）的原意是"图像互换格式"，是 CompuServe公司在 1987 年开发的图像文件格式。GIF 文件的数据，是一种基于无损压缩格式，其压缩率一般在 50% 左右，它不属于任何应用程序。目前几乎所有相关软件都支持它，公共领域有大量的软件在使用 GIF 图像文件。GIF 图像文件的数据是经过压缩的，而且是采用了可变长度等压缩算法。GIF 格式的另一个特点是其在一个 GIF 文件中可以存多幅彩色图像，如果把存于一个文件中的多幅图像数据逐幅读出并显示到屏幕上，就可构成一种最简单的动画。GIF 图片具有支持透明背景图像、适用于多种操作系统、"体型"很小等特点，网上很多小动画都是 GIF 格式。

（3）PSD 格式。PSD – Photoshop Document（PSD），是著名的 Adobe 公司的图像处理软件 Photoshop 的专用格式。这种格式可以存储 Photoshop 中所有的图层，通道、参考线、注解和颜色模式等信息。在保存图像时，若图像中包含有层，则一般都用 Photoshop（PSD）格式保存。PSD 格式在保存时会将文件压缩，以减少占用磁盘空间，但 PSD 格式所包含图像数据信息较多（如图层、通道、剪辑路径、参考线等），因此比其他格式的图像文件还是要大得多。由于 PSD 文件保留所有原图像数据信息，因而修改起来较为方便，但大多数排版软件不支持 PSD 格式的文件。现在，Flash、Director 等多媒体软件开始支持 PSD 格式图像的导入，这对于软件之间的配合工作提供了极大的方便。

（4）PNG 格式。PNG 是 Portable Network Graphics（可移植性网络图像）的缩写，是网上接受的最新图像文件格式。PNG 用来存储灰度图像时，灰度图像的深度可多到 16 位，存储彩色图像时，彩色图像的深度可多到 48 位，并且还可存储多到 16 位的 α 通道数据。PNG 能够提供长度比 GIF 小 30% 的无损压缩图像文件，同时提供 24 位和 48 位真彩色图像，并且 PNG 格式的图像支持背景透明，一般应用于 JAVA 程序、网页或 S60 程序中，原因是它压缩比高，生成文件体积小。

由于 PNG 比较新，所以目前并不是所有的程序都支持这种格式，但 Photoshop 可以处理 PNG 图像文件,也可以用 PNG 图像文件格式存储。

(5) BMP 格式。BMP(全称 Bitmap)是 Windows 操作系统中的标准图像文件格式,可以分成两类:设备相关位图(DDB)和设备无关位图(DIB),使用非常广。它采用位映射存储格式,除了图像深度可选以外,不采用其他任何压缩,因此,BMP 文件所占用的空间很大。BMP 文件的图像深度可选 1 bit、4 bit、8 bit 及 24 bit。BMP 文件存储数据时,图像的扫描方式是按从左到右、从下到上的顺序。由于 BMP 文件格式是 Windows 环境中交换与图有关的数据的一种标准,因此在 Windows 环境中运行的图形图像软件都支持 BMP 图像格式,但由于其文件尺寸比较大,所以多应用在单机上,不受网络欢迎。

(6) AI 格式。AI 格式是 Adobe 公司发布的。它的优点是占用硬盘空间小,打开速度快,方便格式转换专用文件矢量软件 illustrator 格式,也是当今最流行的矢量图像格式之一,广泛应用于印刷出版业等。现已成为业界矢量图的标准,几乎所有的图形软件都能导入 AI 格式。

(7) CDR 格式。CDR 格式是绘图软件 CorelDRAW 的专用图形文件格式。CorelDraw 是一款平面排版矢量绘图的软件,它可用作企业 VI 设计、海报设计、广告设计、包装盒设计、包装袋设计,宣传画册设计等,并且增加了字体识别,英文单词拼写,语法检查的功能。软件内置插件 PHOTO——PAINT 更有强大的对于位图的调色,抠图,去水印,以及几百种画笔效果和动画功能,是目前 CDR 的版本中功能比较强大且比较稳定的。

由于 CorelDRAW 是矢量图形绘制软件,所以 CDR 可以记录文件的属性、位置和分页等。因为是专用软件,它在兼容度上比较差,高版本可兼容低版本,印刷及设计行业常用 CDR 12 和 CDR X4 版本,最新版本为 CDR X7。

7.1.2 声音的基础知识

在多媒体作品中,声音是不可缺少的一种媒体形式,在人类传递信息的各种方式中,声音占了 20% 的比例。本节主要介绍声音方面的基础知识。

1. 声音的定义

声音是因物体的振动而产生的一种物理现象,振动使物体周围的空气扰动而形成声波,声波以空气为媒介传入人们的耳朵,于是人们就听到了声音。因此,从物理上讲,声音是一种波。用物理学的方法分析,描述声音特征的物理量有声波的振幅(Amplitude)、周期(Period)和频率(Frequency),因为频率和周期互为倒数,因此,一般只用振幅和频率两个参数来描述声音。

其中,频率反映声音的高低,振幅反映声音的大小。声音中含有高频成分越多,音调就越高,也就是越尖;反之则越低。声音的振幅越大,声音则越大,反之则越小。

需要指出的是,现实世界的声音不是由某个频率或某几个频率组成,而是由许多不同频率不同振幅的正弦波叠加而成的。

2. 声音的分类

声音的分类有多种标准,根据客观需要可有以下三种分类标准。

按频率划分,可分为亚音频、音频、超音频和过音频。频率分类的意义主要是为了区分音频声音和非音频声音。

（1）亚音频（Infrasound）：0 Hz ～ 20 Hz。

（2）音频（Audio）：20 Hz ～ 20 kHz。

（3）超音频（Ultrasound）：20 kHz ～ 1 GHz。

（4）过音频（Hypersound）：1 GHz ～ 1 THz。

按原始声源划分，可分为语音、乐音和声响。按声源发出的声音分类，是为了针对不同类型的声音使用不同的采样频率进行数字化处理和依据它们产生的方法和特点采取不同的识别、合成和编码方法。

（1）语音。指人类为表达思想和感情而发出的声音。

（2）乐音。弹奏乐器时乐器发出的声音。

（3）声响。除语音和乐音之外的所有声音，如风声、雨声和雷声等自然界或物体发出的声音。

按存储形式划分，可分为模拟声音和数字声音。

（1）模拟声音。对声源发出的声音采用模拟方式进行存储，通常采用电磁信号对声音波形进行模拟记录，如用录音带录制的声音。

（2）数字声音。对声源发出的声音采用数字化处理，用 0、1 表示声音的数据流或者是计算机合成的语音和音乐。

3. 声音的数字化

我们平时听到的声音是典型的连续信号，不仅在时间上是连续的，在幅度上也是连续的。我们把时间和幅度上都连续的信号称为模拟信号，由于计算机只能处理数字信息，所以声音进入计算机的第一步就是数字化，从技术上来说，就是将连续的模拟声音信息通过模/数转换器（A/D）转换为计算机可以处理的数字信息。

数字化声音的具体原理是：输入模拟声音信号，然后按照固定的时间间隔获取模拟声音信号的振幅值，再将获取的振幅值用若干二进制数表示，从而将模拟声音信号变成数字声音信号。衡量声音数字化的质量有以下三个指标。

（1）采样频率。采样频率指每秒钟对模拟信号采取样本的次数。采样频率越高，声音的质量也就越好。在多媒体技术中通常采用三种音频采样频率：11 kHz、22 kHz 和 44 kHz。一般在允许失真条件下，尽可能将采样频率选低些，以减少数据量。

常用的音频采样频率和适用情况如下：

❖ 8 kHz ——适用于语音采样，能达到电话语音音质标准的要求；

❖ 11 kHz ——可用于对语音和最高频率不超过 5 kHz 的声音采样，能达到电话语音音质标准以上，但不及调幅广播的音质要求；

❖ 16 kHz 和 22 kHz ——适用于对最高频率在 10 kHz 以下的声音采样，能达到调幅广播（FM）音质标准；

❖ 44 kHz 和 48 kHz ——主要用于对音乐采样，可以达到激光唱盘的音质标准；对最高频率在 20 kHz 以下的声音，一般采用 44 kHz 的采样频率，可以减少对数字声音的存储开销。

（2）量化位数。量化位数是指在采集声音时使用多少二进制位来存储数字声音信号。这个数值越大，分辨率就越高，录制和回放的声音就越真实。量化位数客观地反映了数字声音信号对输入声音信号描述的准确程度。目前常用的有 8 位、12 位和 16 位三种，位数越多，音质越好，但存储的数据量也越大。

（3）声道数。包括单声道和双声道（立体声）两种。

4. 常见声音文件格式

一段声音经过数字化以后，所产生的编码信息可以用各种方式编排起来，形成一个个的文件存储在计算机中，与图像文件一样，声音文件也有各种各样的格式。

（1）WAV 格式。WAV 格式是微软公司开发的一种声音文件格式，是最早的数字音频格式，被 Windows 平台及其应用程序广泛支持。

WAV 格式存放的是对模拟声音波形经数字化采样、量化和编码后得到的音频数据。原本由声音波形而来，所以 WAV 文件又称波形文件。WAV 文件对声源类型的包容性强，只要是声音波形，不管是语音、乐音还是各种各样的声响，甚至于噪音都可以用 WAV 格式记录并重放。

WAV 格式采用 44 kHz 的采样频率，16 位量化位数，因此 WAV 的音质与 CD 相差无几，但 WAV 格式对存储空间需求太大不便于交流和传播。

（2）MP3 格式。MP3 的全称是 Moving Picture Experts Group Audio Layer Ⅲ。简单地说，MP3 就是一种音频压缩技术，由于这种压缩方式的全称叫 MPEG Audio Layer 3，所以人们把它简称为 MP3，从本质上讲仍是波形文件。MP3 是利用 MPEG Audio Layer 3 的技术，将音乐以 1∶10 甚至 1∶12 的压缩率压缩成容量较小的文件。换句话说，能够在音质丢失很小的情况下把文件压缩到更小的程度。

正是因为 MP3 体积小、音质高的特点使得 MP3 格式成为网上音乐的代名词。每分钟音乐的 MP3 格式只有 1 MB 左右大小。与一般声音压缩编码方案不同，MP3 主要是从人类听觉心理和生理学模型出发研究出的一套压缩比高、声音压缩品质又能保持很好的压缩编码方案。

（3）WMA 格式。WMA 的全称是 Windows Media Audio，是微软力推的一种音频格式。WMA 格式是以减少数据流量但保持音质的方法来达到更高的压缩目的，其压缩率一般可以达到 1∶18，生成的文件大小只有相应 MP3 文件的一半。此外，WMA 还可以通过 DRM(Digital Rights Management)方案加入防止拷贝，或者限制播放时间和播放次数，甚至是播放机器的限制，可以有力地防止盗版。

（4）MIDI 格式。MIDI 的含义是乐器数字接口(Musical Instrument Digital Interface)，它本来是由全球的数字电子乐器制造商建立起来的一个通信标准，以规定计算机音乐程序、电子合成器和其他电子设备之间交换信息与控制信号的方法。

MIDI 文件记录的是 MIDI 消息，它不是数字化后得到的波形声音数据，而是一系列指令。在 MIDI 文件中，包含着音符、定时和多达 16 个通道的演奏定义。每个通道的演奏音符又包括键、通道号、音长、音量和力度等信息。显然，MIDI 文件记录的是一些描述乐曲如何演奏的指令而非乐曲本身。

与波形声音文件相比，同样演奏长度的 MIDI 音乐文件比波形音乐文件所需的存储空间要少很多。例如，同样 30 分钟的立体声音乐，MIDI 文件大约只需 200 kB，而波形文件要大约 300 MB。MIDI 格式的文件一般用.mid 作为文件扩展名。

7.1.3　视频的基础知识

视频在多媒体作品中是不可缺少的信息载体，它可以起到烘托气氛的作用，可以给人一种震撼力，是其他信息元素所无法替代的。同时也应看到，视频素材的采集与加工整理的难度也最大。

1. 视频的定义与分类

视频（Video）是由一幅幅单独的画面（称为帧，Frame）序列组成的，这些画面以一定的速率（帧率 fps，即每秒播放帧的数目）连续地投射在屏幕上，与连续的音频信息在时间上同步，使观察者具有对象或场景在运动的感觉。所以就其本质而言，视频是内容随时间变化的一组动态图像，所以视频又叫运动图像或活动图像。

在视频文件中，一帧就是一幅静态画面，快速连续地显示帧，就会形成运动的图像，每秒钟显示帧数越多，所显示的动作就会越流畅。根据实验，人们发现要想看到连续不闪烁的画面，帧与帧之间的时间间隔最少要达到二十四分之一秒。

视频与图像是两个既有联系又有区别的概念：静止的图片称为图像（Image），运动的图像称为视频（Video）。视频与图像两者的信号源不同，视频的输入是摄像机、录像机、影碟机以及可以输出连续图像信号的设备；图像的输入靠扫描仪、数码相机等设备。

按照视频的存储和处理方式不同，视频可分为模拟视频和数字视频两大类。

（1）模拟视频。模拟视频（Analog Video）属于传统的电视视频信号的范畴，模拟视频信号是基于模拟技术以及图像显示的国际标准来产生视频画面的。早期视频的记录、存储和传输都采用模拟方式，例如在电视上所见到的视频图像，它是以一种模拟电信号的形式来记录的，并依靠模拟调幅的手段在空间传播，再用盒式磁带录像机将其作为模拟信号存放在磁带上。模拟视频具有如下特点：

❖ 以模拟电信号的形式来记录信息。

❖ 依靠模拟调幅的手段在空间传播。

❖ 使用磁带录像机将视频作为模拟信号存放在磁带上。

❖ 模拟视频不适合网络传输，在传输效率方面先天不足，而且图像随时间和频道的衰减较大，不便于分类、检索和编辑。

（2）数字视频。数字视频（Digital Video）是对模拟视频信号进行数字化后的产物，它是基于数字技术记录视频信息的。模拟视频可以通过视频采集卡将模拟视频信号进行 A/D（模/数）转换，这个转换过程就是视频捕捉（或采集）过程，将转换后的信号采用数字压缩技术存入计算机磁盘中就成为数字视频。数字视频具有如下特点：

❖ 数字视频可以不失真地进行无数次复制。

❖ 数字视频可以长时间的存放而不会有任何的质量降低。

❖ 可以对数字视频进行非线性编辑，并可增加特技效果等。

❖ 数字视频数据量大，在存储与传输的过程中必须进行压缩编码。

2. 数字视频压缩标准

未压缩的数字视频数据量是非常大的，因而需要采用有效的途径对其进行压缩。人们从视频数据的冗余可能出发，分析研究出一系列编码压缩算法，其方法可分为帧内压缩和帧间压缩两种。

与音频压缩编码相类似，为了使图像信息系统及设备具有普遍的交互操作性，一些相关的标准化组织先后审议制定了一系列有关图像编码的标准，其中 MPEG 系列标准由运动图像专家组（Moving Picture Experts Group）制定。

MPEG 系列标准包含 MPEG-1、MPEG-2、MPEG-4、MPEG-7 和 MPEG-21 五个具体标准，每种编码都有各自的目标问题和特点。

（1）MPEG-1。MPEG-1 标准于 1988 年 5 月提出，1992 年 11 月形成国际标准。它的设计思想是在 1～1.5 Mbit/s 的低带宽条件下提供尽可能高的图像质量（包括音频，以下所指图像均包括音频）。这是世界上第一个用于运动图像及其伴音的编码标准，主要应用于 VCD，图像尺寸为 352×288 像素，标准带宽为 1.2 Mbit/s，每秒 30 帧。

（2）MPEG-2。MPEG-2 发布于 1994 年，设计目标是高级工业标准的图像质量以及更高的传输率，能提供的传输率在 3～10 Mbit/s 之间，其在 NTSC 制式下的分辨率可达 720×486 像素，MPEG-2 可提供广播级的视频和 CD 级的音质。MPEG-2 的音频编码可提供左、右、中及两个环绕声道，以及一个加重低音声道和多达 7 个伴音声道。

由于 MPEG-2 在设计时的巧妙处理，使得大多数 MPEG-2 解码器也可播放 MPEG-1 格式的数据，如 VCD。MPEG-2 除了作为 DVD 的指定标准外，还可用于为广播、有线电视网、电缆网络以及卫星直播提供广播级的数字视频。

（3）MPEG-4。MPEG-4 标准于 1993 年提出，1998 年发布。MPEG-4 是为了播放流式媒体的高质量视频而专门设计的，它可利用很窄的带宽，通过帧重建技术压缩和传输数据，以求使用最少的数据获得最佳的图像质量。

该标准是一种基于对象的视音频编码标准，MPEG-4 包含了 MPEG-1 及 MPEG-2 的绝大部分功能及其他格式的长处，并加入及扩充了对虚拟现实模型语言（VRML）的支持、面向对象的合成文件及数字版权管理（DRM）等功能。

目前 MPEG-4 最有吸引力的地方在于它能够保存接近于 DVD 画质的小体积视频文件，所以主要用途是互联网、光盘、语音传送（视频电话）及电视广播等。

由于 MPEG-4 是一个公开的平台，各公司、机构均可以根据 MPEG-4 标准开发不同的制式，因此市场上出现了很多基于 MPEG-4 技术的视频格式，例如 QuickTime、DivX、Xvid 等。这种情况也给最终用户带来很大麻烦，因为观看这些视频要下载不同的插件和播放器，而用户往往无从知道这些视频采用的是什么编解码器。

一个比较简便的解决方案是安装暴风影音，暴风影音提供了绝大多数影音文件和流媒体支持，包括 RM、QuickTime、MPEG-2、MPEG-4（DivX、Xvid、3ivx、MP4、FFDS、H264……）、HDTV 等。

（4）MPEG-7。MPEG-7 标准于 1997 年提出，在 2001 年形成国际标准。该标准是一种多媒体内容描述标准，定义了描述符、描述语言和描述方案，支持对多媒体资源的组织管理、搜索、过滤、检索等，便于用户对其感兴趣的多媒体素材进行快速有效的检索。可以应用于数字图书馆、各种多媒体目录业务、广播媒体的选择、多媒体编辑等领域。

（5）MPEG-21。MPEG-21 标准与 MPEG-7 标准几乎是同步制定的。MPEG-21 标准

的重点是建立统一的多媒体框架，支持连接全球网络的各种设备透明地访问各种多媒体资源。

3. 常见视频文件格式

视频文件的格式很多，一般情况下，不同格式的文件要选择匹配的播放器来播放，当然也有一些播放器可以支持多种视频文件格式。下面我们来了解一些常见的视频文件格式。

（1）AVI 格式。AVI 英文全称为 Audio Video Interleaved，即音频视频交错格式，它是一种将语音和影像同步组合在一起的文件格式，具有通用和开放的特点。它对视频文件采用了一种有损压缩方式，压缩比较高，应用范围非常广泛。AVI 支持 256 色和 RLE 压缩，主要应用在多媒体光盘上，用来保存电视、电影等各种影像信息。这种文件格式的优点是图像质量好，可以跨平台使用，缺点是文件体积较大。

AVI 格式是 Windows 操作系统支持的视频格式，从 Windows 3.1 即开始支持该视频格式。安装 Windows 操作系统后，会自带几种常用的 AVI 压缩格式，如 Cinepak Codec by Radius、Indeo Video 5.10、Intel Indeo Video 3.2、Video 1 等。

（2）MPEG 格式。MPEG/DAT 格式的后缀是 .mpeg、.mpg 或 .dat，家庭中的 VCD/SVCD 和 DVD 使用的就是 MPEG 格式文件。MPEG 格式文件在 1024×768 像素下可以用每秒 25 帧（或 30 帧）的速率同步播放视频和音频，其文件大小仅为 AVI 文件的 1/6。MPEG 的平均压缩比为 50∶1，最高可达 200∶1，压缩效率非常高，同时图像和声音的质量也非常好，几乎被所有的计算机平台共同支持，是主流的视频文件格式。

（3）MOV 格式。MOV（Movie Digital Video Technology）是美国 Apple 公司开发的一种视频文件格式，默认的播放器是 Quick Time Player，具有较高的压缩比和较好的视频清晰度，并且可以跨平台使用。

（4）ASF 格式。ASF（Advanced Streaming Format）格式是微软公司前期的流媒体格式，采用 MPEG-4 压缩算法。它是微软为了和现在的 Real Player 竞争而推出的一种视频格式，用户可以直接使用 Windows 自带的 Windows Media Player 对其进行播放。

（5）WMV 格式。WMV（Windows Media Video）也是微软推出的一种采用独立编码方式并且可以直接在网上实时观看视频节目的文件压缩格式，是目前应用最广泛的流媒体视频格式之一。WMV 格式的主要优点包括：本地或网络回放、可扩充的媒体类型、多语言支持、环境独立性以及扩展性等。

（6）RM 格式。RM 是 Real Networks 公司开发的一种流媒体文件格式，是目前主流的网络视频文件格式。它可以根据不同的网络传输速率制定出不同的压缩比率，从而实现在低速率的网络上进行影像数据实时传送和播放。Real Networks 所制定的音频、视频压缩规范称为 Real Media，相应的播放器为 Real Player。

RM 和 ASF 格式可以说各有千秋，通常 RM 视频更柔和一些，而 ASF 视频则相对清晰一些。

（7）FLV 格式。FLV 是 Flash Video 的简称，FLV 流媒体格式是随着 Flash MX 的推出发展而来的视频格式。由于它形成的文件极小、加载速度极快，使得网络观看视频文件成为可能，它的出现有效地解决了视频文件导入 Flash 后，使导出的 SWF 文件体积庞大，不能在网络上很好地使用等问题。目前国内多个视频网站均支持 FLV 格式。

7.2　初识多媒体创作工具

随着多媒体技术的迅猛发展，多媒体项目的创作也日新月异，丰富多彩的多媒体作品让人耳目一新。然而创作多媒体作品并非是一件容易的事，一个大型的多媒体作品往往需要一个团队来完成，因为需要进行界面图形设计、多媒体编程、素材的采集与处理等，这涉及多方面的知识与创作工具。

7.2.1　素材处理软件

在创作多媒体作品时会使用到大量的素材，如文字脚本、界面设计、图像素材、视频与声音素材等，所以要学会对这些素材的处理。

1. 文字素材的处理

在多媒体信息载体中，文字是最重要的一种信息传播媒介。无论计算机技术发展到何种程度，文字依然是最重要的载体，因此，几乎所有的应用软件都有文字的处理功能。如果多媒体作品对文字的要求不高，那么，多媒体创作软件本身就可以完成文字的录入、编辑。如果要对文字进行编辑与艺术加工，则要借助专业的文字处理软件 Word 或 WPS 等。

2. 图像素材的处理

在多媒体作品中，图像素材占据了很大的比例。处理图像素材是制作多媒体作品之前的一项关键工作，主要分为两大类：一是多媒体作品的界面设计；二是多媒体内容中出现的图像。

设计多媒体作品的界面时，要处理主界面与次界面中的背景图像，还要制作艺术字、导航按钮等，而对于多媒体内容中的图像，主要是裁剪、调色、改变图像大小等。目前对于图像素材处理，最实用的软件是 Photoshop。

Photoshop 是美国 Adobe 公司开发的专业图像处理软件，是目前功能最强大、用户最多的图像编辑软件，它提供了色彩调整、图像修饰和各种滤镜效果等功能。利用其强大的图像编辑工具，可以有效地对图像进行处理、创意或者制作。

1990 年，Photoshop 版本 1.0 正式发行。1997 年，Photoshop 4.0 版本发行，力挫所有竞争对手，正式开启了全球 Photoshop 时代；2003 年，Adobe 将 Photoshop 8.0 更名为 Photoshop CS。目前的最新版本是 Photoshop CS6，即 Photoshop 13.0。

Photoshop 的应用领域很广泛，它已经成为图像处理领域中的行业标准，在广告设计、多媒体界面制作、网页设计、数码摄影、印刷出版等方面都有涉及。

3. 声音素材的处理

创作多媒体作品时经常要用到音效、配音、背景音乐等。声音的格式很多，如基于 PC 系统的 WAV、MIDI 格式，基于 MAC 系统的 SND、AIF 格式，这些格式之间经常需要转换，因此，声音素材的采集整理需要更多的软件支持。

音频编辑软件很多，用户可以选择一款适合自己的。

（1）Creative Wave Studio"录音大师"。它是 Creative Technology 公司 Sound Blaster AWE64 声卡附带的音频编辑软件。在 Windows 环境下它可以录制、播放和编辑 8 位和 16

位的波形音乐。

（2）Cake Walk。是 Twelve Tone System 公司开发的音乐编辑软件，利用它可以创作出具有专业水平的"计算机音乐"。

（3）GoldWave。是 GoldWave 公司出品的一个声音编辑软件，体积小巧、功能强大，可以对音乐进行播放、录制、编辑以及转换格式等处理。支持的音频格式很多，包括 WAV、OGG、VOC、AIF、AFC、SND、MP3、VOX、AVI、MOV、APE 等，并且可以从 CD、VCD 或 DVD 以及其他视频文件中提取声音，内含丰富的音频处理特效。

4. 动画素材的处理

多媒体作品中使用的动画主要有两种：二维动画和三维动画。通常情况下，比较普及的二维动画软件是 Flash，而三维动画软件是 3ds max。当然也可以使用一些小型的制作工具，如 Swish、Cool3D 等。

Flash 前身是 Future Wave 公司开发的 FutureSplash Animator，是一个基于矢量的动画制作软件。1996 年被 Macromedia 收购后定名为 Flash，由于其本身的独特优势，很快成为主流网络动画制作软件。2007 年被 Adobe 公司收购并进行后续开发，目前最新版本是 Adobe Flash CS6。由于越来越强大的 AS 功能，Flash 不仅在二维动画制作方面表现突出，也常常用来开发多媒体项目，所以 Flash 既是一个动画制作软件，也是一个多媒体开发工具。

3ds max 是目前世界上应用最广泛的三维建模、动画、渲染软件，完全满足制作高质量三维动画的要求。

3ds max 的前身是基于 DOS 操作系统的 3D Studio 系列软件，是 Discreet 公司开发的（后被 Autodesk 公司合并）基于 PC 操作系统的三维动画渲染和制作软件。它的出现降低了 CG 制作的门槛，使得普通用户也可以参与动画的制作。在多媒体制作领域，该软件主要用来制作片头、工业生产的过程模拟、商品模型等。

5. 视频素材软件

视频以其生动、活泼、直观的特点，在多媒体系统中得到了广泛的应用，并扮演着极其重要的角色。例如制作企业的多媒体宣传片、产品推广宣传片等要用到大量的视频文件，常用的视频素材是 AVI、MOV 和 MPG 格式的视频文件。视频处理软件主要有 Adobe Premiere和会声会影。

Adobe Premiere 是 Adobe 公司推出的一个功能十分强大的处理影视作品的视频和音频编辑软件。目前最新版本为 Adobe Premiere Pro CS6，广泛应用于广告制作和电视节目制作中。它可以完成视频素材的组织与管理、剪辑处理，制作千变万化的过渡效果与滤镜效果，创建字幕，实现音频与视频的分离与合成等。

会声会影是美国友立公司推出的一款非常著名的视频编辑软件，具有图像抓取和编修功能，是操作简单、功能强悍的 DV、HDV 影片剪辑软件，支持各类编码，包括音频和视频编码。会声会影不仅符合家庭或个人所需，甚至可以挑战专业级的影片剪辑软件，在国内的普及度较高。会声会影适合普通大众使用，界面简洁明快，上手容易。

7.2.2　多媒体开发软件

多媒体创作软件也称为多媒体集成工具。开发多媒体项目的手段很多，可以使用专业的编程软件，也可以使用可视化的多媒体开发工具，例如 Authorware、Director、Flash、方正奥思、蒙泰瑶光等，下面介绍几款主流的多媒体开发工具。

1. Director

Director 是 Macromedia 公司推出的一款交互式多媒体项目集成开发工具，具有强大的面向对象开发能力，用户可以根据需要将图片、声音、三维动画、视频电影、数据库访问、Internet 链接等技术集成在一个作品中，从而制作出复杂的多媒体交互程序，广泛应用于多媒体光盘、教学/汇报课件、触摸屏软件、网络电影、网络交互式多媒体查询系统、企业多媒体形象展示、游戏和屏幕保护程序等的开发制作。

1989 年，Macromedia 推出 Director 1.0，时过两年，升级到 Director 2.0，加入了Lingo语言，使 Director 具有了交互功能。随着版本的不断升级，Director 的功能越来越强大，不仅可以使用 Xtra 外部模块来扩展 Director 的功能，而且 Lingo 的功能也逐步强大，几乎可以完成各种编程要求。2005 年 Adobe 收购了 Macromedia 公司，3 年后推出了 Director 11.0，拥有更富弹性、更易使用的创作环境，利用它可以创作出更强大的交互式程序、三维虚拟游戏等多媒体作品，目前的最新版本是 Director 12.0。

Director 具有以下特点：

（1）提供了专业的编辑环境，高级的调试工具以及方便易用的属性面板，使得 Director 的操作简单方便，大大提高了开发的效率。

（2）支持广泛的媒体类型，包括多种图像格式以及 QuickTime、AVI、MP3、WAV、AIFF、高级图像合成、动画、同步和声音播放效果等 40 多种媒体类型。

（3）强大的交互功能使创作者可以随心所欲地开发多媒体项目，不熟悉编程的用户可以通过拖放预设的 Behavior 完成交互的制作，而程序员则可以通过 Lingo 制作出更复杂的交互效果、数据跟踪及二维和三维动画效果。

（4）Director 独有的 Shockwave 3D 引擎可以轻松地创建互动的三维空间，实现虚拟现实、制作交互的三维游戏，提供引人入胜的用户体验。

（5）可扩展性强。Director 采用了 Xtra 体系结构，可以为 Director 添加无限的自定义特性和功能。

2. Authorware

Authorware 是 Macromedia 公司开发的多媒体制作工具。它是一种解释型、基于流程的多媒体制作软件，被用于创建互动的程序，其中整合了声音、文本、图形、简单动画以及数字电影，是一款非常优秀的多媒体创作软件，易学易用，创作出来的作品效果好，非常适合初学多媒体创作的用户使用。但是，遗憾的是 2005 年 Adobe 收购 Macromedia 公司以后，停止了 Authorware 的升级与开发，但是仍然有很多 Authorware 爱好者使用该软件开发多媒体作品、汇报演示、教学课件等。

Authorware 具有以下特点：

（1）具备强大的集成能力。Authorware 的优势在于支持多种格式的多媒体元素，可以将文本、图形图像、动画、视频、声音等多媒体素材集成到一起，并以特有的方式进行合理的组织安排，最终以适当的形式将各种素材交互地表现出来，形成一个交互性强、富有表现力的作品。

（2）具备强大的交互能力。Authorware 具有强大的人机交互性，提供了按钮、热区域、热对象、目标区、卜拉菜单、条件、文本输入、按键、重试限制、时间限制、事件等 11 种交互方式，基本上可以满足用户的不同需要。同时，为了加强程序的交互性，Authorware 还提供了许多与交互方式有关的系统变量和函数。

（3）具备直观易用的开发界面。Authorware 的工作环境中提供了一个非常直观的"设计窗口"，窗口中有一条贯穿上下的直线，称为"流程线"，流程线上的图标称为"设计图标"。用户在流程线上按照一定的规则将设计图标组合起来，然后对设计图标的属性加以适当的设置，就可以实现多媒体的整合功能，这是 Authorware 的一个主要特点，是其他软件不具备的。

（4）具备高效开发模块。Authorware 允许将以前的开发成果以模块或库的形式保存下来反复使用，这样便于分工合作，避免大量的重复劳动。同时 Authorware 还提供了一种智能化的设计模板——知识对象，开发者可以根据需要选用不同的知识对象，完成特定的多媒体功能，大大提高工作效率。

（5）强大的数据处理与编程能力。Authorware 虽然是可视化编程环境，但是它提供了丰富的变量与函数，而且还允许用户自定义变量与函数，以完成复杂的数据运算。另外，它支持开放式数据库的连接、ActiveX 技术、JavaScript 技术等，可扩展性极强。因此，正确运用 Authorware 的脚本语言，可以开发出专业多媒体应用程序。

3. 其他工具

除了前面介绍的两个比较流行的工具外，还有一些其他的可用于多媒体开发的工具，如 Flash、PowerPoint 等。

前面已经介绍过 Flash，它是目前最专业的网络动画软件之一。近几年，随着软件功能的不断增强，特别是 AS3.0 的出现，大大加强了其编程能力，被广泛地应用在多媒体开发、课件制作等领域。

PowerPoint 是微软公司 Office 中的成员之一，主要用于制作演示文稿、电子讲义等，是一款最简单易学的多媒体软件，可以用来制作要求不高的演示类多媒体项目。

Dreamweaver 是目前最流行的站点开发与制作工具，能够处理多种媒体信息，可以用于开发基于 Web 页的媒体作品。

7.3　常用工具软件介绍

7.3.1　文件压缩软件——"WinRAR

WinRAR 是一款功能强大的压缩包管理程序，它既可以压缩文件，也可以解压文件，使用它可以压缩电子邮件的附件、要拷贝的数据文件，解压缩从网上下载的 RAR、ZIP2.0 及其他文件。

1. WinRAR 的主要特点

WinRAR 是目前流行的压缩工具，界面友好，使用方便，在压缩率和速度方面都有很好的表现。它采用了更先进的压缩算法，是现在压缩率较大、压缩速度较快的工具软件，主要特点如下：

（1）WinRAR 压缩率更高。WinRAR 在 DOS 操作系统时代就一直具备这种优势，多次试验证明，经 WinRAR 压缩得到的 RAR 格式一般要比其他 ZIP 格式高出 10～30％的压缩率，并且提供了可选择的针对多媒体数据的压缩算法。

（2）对多媒体文件有独特的高压缩率算法。WinRAR 对 WAV 声音文件及 BMP 图像文件采用了独特的多媒体压缩算法，大大提高了压缩率。

（3）能完善地支持 ZIP 格式并且可以解压多种格式的压缩包。WinRAR 完全支持 RAR 及 ZIP 压缩包，并且可以解压缩 CAB、ARJ、LZH、TAR 等多种格式的压缩包，不需外挂程序支持就可直接建立 ZIP 格式的压缩文件。

（4）可以定制界面。启动 WinRAR 以后，在其主界面中执行菜单栏中的"选项"/"设置"命令，打开"设置"对话框以后，可以在"常规"、"压缩"、"路径"、"文件列表"、"查看器"和"综合"选项卡中进行设置，从而使 WinRAR 更适合自己。

（5）对受损压缩文件的修复能力极强。在网上下载的 ZIP、RAR 类的文件往往因头部受损的问题导致不能打开，而将其调入 WinRAR 以后，只需单击界面中的 ![修复] 按钮就可轻松修复，成功率极高。

2. 压缩文件

WinRAR 可以压缩单个文件或者文件夹。压缩文件时，既可以生成一个压缩包，也可以分卷压缩生成多个压缩包，还可以进行加密压缩、直接生成可执行文件。

3. 常规压缩

使用 WinRAR 压缩文件或文件夹的方法非常简单，几乎只需一步即可完成，我们建议使用快捷菜单进行操作，这样方便得多。

（1）如果要将多个文件压缩成一个压缩包，需要先建立一个文件夹，然后将要压缩的文件放到该文件夹中。

（2）在要压缩的文件或文件夹上单击鼠标右键，从弹出的快捷菜单中选择"添加到 *** rar"命令，如图 7-7 所示。

（3）执行压缩以后，将出现如图 7-8 所示的进程提示框，如果中途想中断压缩，按下 Esc 键即可。

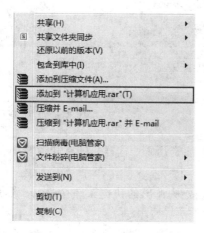

图 7-7　执行压缩命令

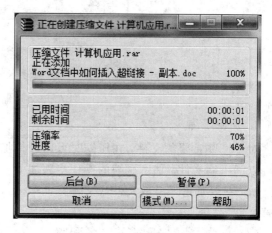

图 7-8　进程提示框

4. 分卷压缩

如果一个文件比较大，不方便移动与传播，那么可以将它分卷压缩。例如，A电脑上有一个4 G的文件，需要拷贝到B电脑上，而U盘的可用容量只有1 G，那么就可以将这个文件分卷压缩成4个1 G的压缩包。具体操作步骤如下：

(1) 在要分卷压缩的文件或文件夹上单击鼠标右键，从弹出的快捷菜单中选择"添加到压缩文件"命令。

(2) 这时弹出"压缩文件名和参数"对话框，从"压缩分卷大小"下拉列表中选择分割后的文件大小，也可以直接输入自定义大小，如图7－9所示。

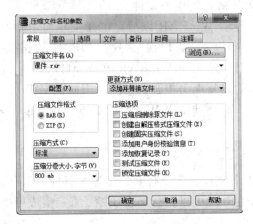

图7－9　设置压缩分卷大小

(3) 单击 确定 按钮，开始分卷压缩，这时将出现压缩进程提示，如图7－10所示。压缩完成后，在同一个文件夹下可以看到生成的多个压缩包。

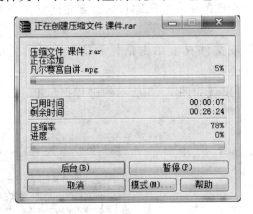

图7－10　压缩进程提示

5. 加密压缩

对于一些重要的文件，在压缩时可以进行加密，即加密压缩。这样，只有知道密码的人才可以解压缩文件。加密压缩的操作步骤如下：

(1) 在要加密压缩的文件或文件夹上单击鼠标右键，从弹出的快捷菜单中选择"添加到压缩文件"命令。

(2) 在弹出的"压缩文件名和参数"对话框中切换到"高级"选项卡，然后单击设置密码(P)... 按钮，如图 7-11 所示。

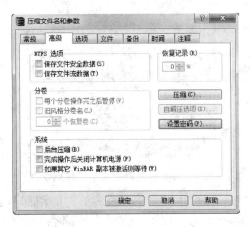

图 7-11 "高级"选项卡

（3）在弹出的"输入密码"对话框中输入密码并确认，如图 7-12 所示，然后单击 确定 按钮。

图 7-12 输入密码并确认

（4）在"压缩文件名和参数"对话框中单击 确定 按钮，开始压缩文件。

6. 压缩为可执行文件

压缩文件的目的是为了便于传输，当用户要使用压缩文件时，先将文件解压缩后才可以使用。为了使没有安装 WinRAR 的用户也能使用压缩文件，可以将文件压缩为可执行文件。这样不管用户是否装有 WinRAR 程序，都可以将压缩文件释放出来。

使用 WinRAR 程序压缩生成的可执行文件也称为"自解压文件"，即不需要借助WinRAR程序就可以解压缩。创建自解压文件的具体操作步骤如下：

（1）在要压缩的文件上单击鼠标右键，从弹出的快捷菜单中选择"添加到压缩文件"命令。

（2）在弹出的"压缩文件名和参数"对话框中勾选"创建自解压格式压缩文件"选项，如图 7-13 所示。

图 7-13　勾选"创建自解压格式压缩文件"选项

（3）单击 ▢ 确定 按钮，即可生成自解压文件，它的图标与普通压缩文件的图标略有不同，可以通过图标判定压缩文件的格式，如图 7-14 所示。

图 7-14　自解压文件的图标

对于已经制作好的 RAR 格式文件，可以先通过 WinRAR 程序打开，然后执行菜单栏中的"工具"/"压缩文件转换为自解压格式"命令，或者单击工具栏中的 ▨ 按钮，即可得到自解压格式的压缩包，如图 7-15 所示。

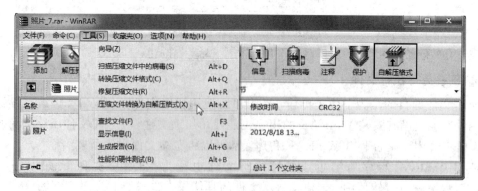

图 7-15　压缩文件转换为自解压格式

7. 解压缩文件

压缩文件必须经过解压以后才能正常使用，解压文件时有两种基本方式：一是解压到指定的文件夹中；二是快速解压文件。

（1）解压到指定的文件夹。如果需要将压缩文件解压到指定的文件夹中，可以按如下步骤操作：

① 选择要解压缩的文件。

② 在文件上单击鼠标右键，从弹出的快捷菜单中选择"解压文件"命令，如图 7-16 所示。

③ 在弹出的"解压路径和选项"对话框中输入目标路径，即解压到的指定文件，如果该文件夹不存在，将自动创建该文件夹，然后选择相应的更新方式与覆盖方式，如图7-17所示。

图 7-16   执行"解压文件"命令

图 7-17   指定解压路径

④ 单击 确定 按钮，即可将压缩文件解压到指定的文件夹中。

（2）快速解压文件。快速解压缩文件的操作步骤如下：

① 选择要解压缩的文件。

② 在其上单击鼠标右键，从弹出的快捷菜单中选择"解压到当前文件夹"命令，即可以将文件解压到同一个文件夹，名称不变。

7.3.2 视频播放软件——暴风影音

暴风影音是暴风网际公司推出的一款视频播放器，该播放器兼容大多数的视频和音频格式，是最优秀的影音播放器之一，拥有庞大的客户端和用户群体。它具有稳定灵活的安装、卸载、维护和修复功能，并集成了优化的解码器组合，适合大多数以多媒体欣赏为需要的用户。

1．播放本地视频文件

暴风影音支持 500 种文件格式，它能播放多种格式的文件，如 QuickTime AVI、MPEG、FLV、WAV、MP4、MKV 等流行视频与音频格式。用户可以使用它来播放电影，具体操作步骤如下：

（1）双击桌面上的快捷图标，启动暴风影音。

（2）在"暴风影音"窗口中单击"暴风影音"右侧的三角箭头，在打开的下拉菜单中选择"文件"/"打开文件"命令，如图 7-18 所示。

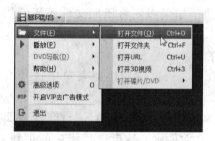

图 7-18　执行"打开文件"命令

（3）在弹出的"打开"对话框中双击要播放的文件，如图 7-19 所示。

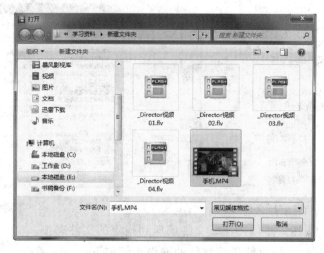

图 7-19　双击要播放的文件

（4）这时，播放器将自动播放双击的文件，右侧的播放列表中显示已经播放过的文件名称，如图 7-20 所示。

图 7-20　播放双击的文件

播放视频文件时，通过暴风影音下方的控制按钮，可以控制视频的播放或暴风影音的基本设置，如图 7-21 所示。

图 7-21　暴风影音的控制按钮

❖ 单击按钮，可以打开一个选项面板，用于设置音视频优化或者使用一些实用工具，如截图、连拍、转码等。

❖ 单击按钮，可以停止正在播放的视频文件。

❖ 单击按钮，可以切换到播放列表中的上一个视频文件。

❖ 单击按钮，可以播放当前选中的视频文件。当播放视频文件时，该按钮变为按钮，单击它可以暂停播放。

❖ 单击按钮，可以切换到播放列表中的下一个视频文件。

❖ 单击按钮，可以打开要播放的视频文件。

❖ 单击按钮，可以关闭视频的声音，其右侧的滑块可以控制音量。

❖ 单击按钮，可以全屏播放视频。

❖ 单击 》标准 按钮，可以选择视频的播放码率为“标准”或“极速”。

❖ 单击按钮，可以打开或关闭播放列表。

❖ 单击按钮，可以打开暴风盒子，它是一个在线网络视频的功能窗口，可以实现“一点即播”的功能。

2. 连续播放文件

暴风影音不仅可以播放多种格式的文件，还可以连续播放文件。操作步骤如下：

(1) 启动暴风影音，在播放列表中单击按钮，如图 7-22 所示。

(2) 在弹出的“打开”对话框中选择要播放的多个文件，如果要选择不连续的多个文件，需要按住 Ctrl 键进行选择，然后单击 打开(O) 按钮。

(3) 将多个文件添加到播放列表以后，在列表中双击第一个文件，即开始按照列表中的顺序连续播放。

(4) 在播放列表中单击按钮，在打开的下拉菜单中可以选择不同的播放模式，如图 7-23 所示，暴风影音将按照指定的模式播放列表中的文件。

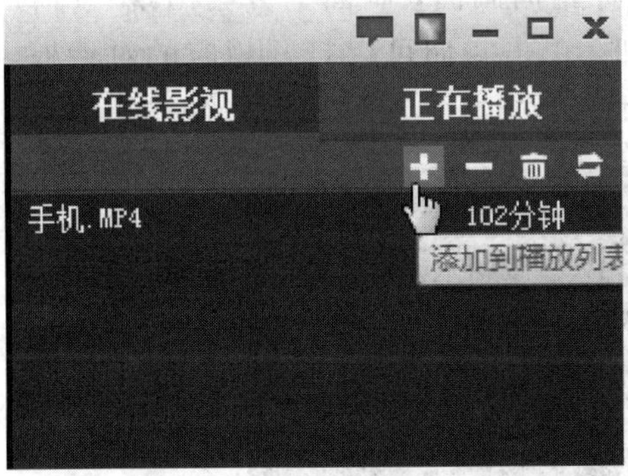

图 7-22　单击“添加到播放列表”按钮

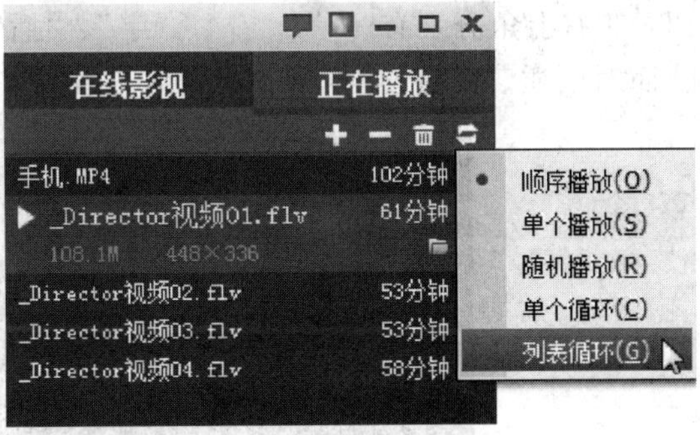

图 7-23　选择播放模式

3. 播放窗口的控制

在播放视频的过程中，我们可以根据需要随意调整播放窗口的大小，也可以设置播放画面的画质、音质以及播放窗口的显示形式等。

(1) 调整窗口大小与显示形式。主要有三种调整窗口大小的方法。

一是像调整 Windows 窗口的大小一样，将光标置于"暴风影音"窗口的边框上，当光标显示为双向箭头时拖动鼠标，可以调整其大小。

二是利用暴风影音提供的功能进行调整。播放视频时，将光标指向播放窗口的左上角，这里提供了一排按钮，可以快速地实现窗口大小的切换，如图 7－24 所示。

图 7－24　窗口切换按钮

通过单击这些按钮，可以使播放窗口在全屏、最小界面、1 倍尺寸（即 100％屏幕）、2 倍尺寸以及剧场模式之间进行切换。

三是在播放画面上单击鼠标右键，从弹出的快捷菜单中选择"显示比例/尺寸"命令，然后在子菜单中选择相应的命令即可，如图 7－25 所示。

另外，通过快捷菜单还可以设置窗口的显示形式，在快捷菜单中选择"置顶显示"命令，然后在子菜单中选择"从不"、"始终"或"播放时"命令，可以控制播放窗口是否置顶显示，如图 7－26 所示。

图 7－25　控制播放窗口大小

图 7－26　控制是否置顶显示

（2）调整播放画质。播放视频的时候，我们可以对播放画质、音质、字幕等进行调整，从而使画面更适合自己的视觉感受。播放视频时将光标指向画面，画面上方会出现一排按钮，在右上角分别有"画"、"音"、"字"、"播"4 个按钮，单击它们可以打开相应的对话框，从而对画质、音频、字幕等进行调整，如图 7－27 所示。

图 7－27　画质、音频等对话框

4. 用暴风影音在线看电影

通过暴风影音可以在线看电影和电视。操作方法非常简单，启动暴风影音之后，单击右上角的"在线影视"选项卡，然后在列表中选择自己喜欢的影视或新闻，双击它即可观看，如图 7-28 所示。

图 7-28　在线观看电影或电视

5. 截取视频画面和视频连拍

暴风影音提供了截取视频画面和视频连拍的功能，如果希望得到视频中的某个画面，可以单击视频控制栏左侧的 ![按钮] 按钮，在打开的"音视频优化技术"选项面板中单击"截图"按钮或"连拍"按钮，如图 7-29 所示，可以直接将静帧画面保存在指定的位置。另外，按下 F5 键也可以快速截取视频画面，而按下 Ctrl＋F5 键则在截取视频画面之后打开"截图工具"对话框，通过该对话框可以编辑图片、复制图片、设置图片的保存名称与位置等，如图 7-30 所示。

图 7-29　"音视频优化技术"选项面板　　　　图 7-30　"截图工具"对话框

当在选项面板中单击"截图"或"连拍"按钮或者按下 F5 键时，截取的画面是直接保存的，如果不知道保存在哪里或者希望指定保存位置，可以在播放画面中单击鼠标右键，从弹出的快捷菜单中选择"高级选项"命令，打开"高级选项"对话框并切换到"截图设置"选项，在这里可以设置截图的保存位置、连拍的张数等，如图 7－31 所示。

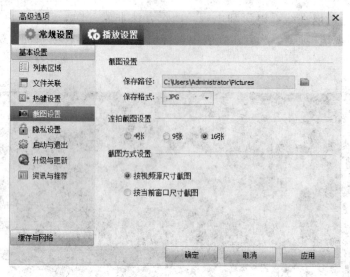

图 7－31　"高级选项"对话框

7.3.3　图片浏览工具——ACDSee

ACDSee 最初是一款图像查看与浏览软件，但最新版本 ACDSee Photo Manager 12 的功能已经非常强大，不但可以浏览多种格式的图像，还可以对图像进行编辑和调整，同时还可以转换图像格式、批处理等。

1．工作界面介绍

在桌面上双击 ACDSee 的快捷方式图标，可以启动 ACDSee，如图 7－32 所示是 ACDSee Photo Manager 12 的工作界面。

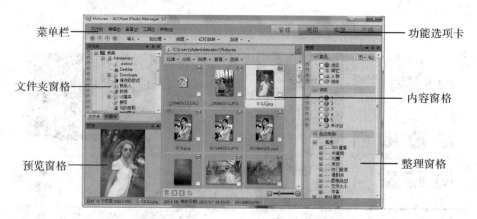

图 7－32　ACDSee 的工作界面

ACDSee 的主界面由菜单栏、功能选项卡、文件夹窗格、预览窗格、内容窗格、整理窗格等几部分组成。下面简要介绍各部分的功能。

❖ 菜单栏：包括文件、编辑、查看、工具和帮助等菜单项，通过菜单可以使用 ACDSee 所有的命令和功能。

❖ 功能选项卡：包括管理、视图、编辑和在线四个选项卡，通过它们可以切换到ACDSee的功能页面。进入不同的功能页面，界面与工具按钮会有所不同，以适应相应的操作。

❖ 文件夹窗格：该窗格以目录树的结构排列，用于浏览各驱动器中的文件。

❖ 预览窗格：该窗格中显示了选定图像的预览效果。

❖ 内容窗格：该窗格以缩览图的形式显示了选定驱动器或文件夹中的文件，当指向一幅图像文件时，将自动显示一个较大的预览图，如图 7 - 33 所示。

❖ 整理窗格：该窗格用于设置图像的评级、分类等，以便于快速浏览。

图 7 - 33 指向图像时自动显示大图

2. 浏览图像

默认情况下，安装 ACDSee 以后，它将自动被设置为图像文件的关联程序，双击任意一个图像文件，都可以打开 ACDSee 的查看窗口进行查看。

除此以外，也可以在 ACDSee 的管理视图下浏览图像。例如，启动 ACDSee 之后，并指定了文件夹，那么内容窗格中将显示该文件夹中的图像，如图 7 - 34 所示。

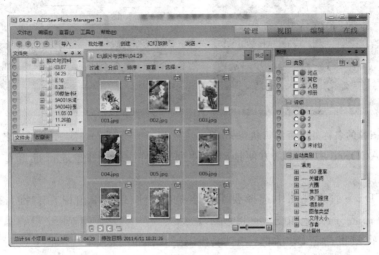

图 7 - 34 ACDSee 的管理视图

如果要查看某一幅图像，双击该图像即可，这时将自动切换到查看窗口，如图 7 - 35 所示。在查看窗口中再双击图像，可以快速返回 ACDSee 的管理视图。

图 7 - 35　在查看窗口中浏览图像

3. 重命名图像

在 ACDSee 的管理视图中，如果要为某个图像重命名，可以在内容窗格中的图像上单击鼠标右键，在弹出的快捷菜单中选择"重命名"命令，或者选择图像后按下 F2 键，此时图像文件的名称处于可编辑状态，如图 7 - 36 所示，在其中输入名称后按下回车键即可，如图 7 - 37 所示。

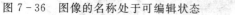

图 7 - 36　图像的名称处于可编辑状态

图 7 - 37　更改后的名称

此外，在 ACDSee 中还可以方便地对文件列表中的多幅图像进行批量重命名。具体操作方法如下：

（1）在 ACDSee 管理视图中选择要重命名的多个图像，单击鼠标右键，在弹出的快捷菜单中选择"重命名"命令，如图 7 - 38 所示。

（2）打开"批量重命名"对话框，在"模板"选项卡的"模板"文本框中设置文件名，其中的"＃＃"表示文件命名中不同的部分，一般以序号来代替，新旧名称可在对话框中进行预览，如图 7-39 所示。

图 7-38   选择"重命名"命令

图 7-39   设置文件名

（3）设置完成后单击 开始重命名(R) 按钮，即可批量重命名图像文件。

4. 格式转换

图像有很多种格式，如 PSD、JPG、BMP 等，利用 ACDSee 不仅能轻松实现单个图像的格式转换，还可以进行批量转换，具体操作步骤如下：

（1）在 ACDSee 的管理视图中选择要转换文件格式的多张图片。

（2）执行"工具"/"批处理"/"转换文件格式"命令，在弹出的"批量转换文件格式"对话框中选择要转换的目标格式，单击 下一步(N) > 按钮，如图 7-40 所示。

图 7-40   选择要转换的目标格式

（3）在对话框的下一页中设置输出选项，如输出位置、是否保留原件等，然后单击 下一步(N) 按钮，如图 7－41 所示。

图 7－41　设置输出选项

（4）在对话框的下一页中设置多页选项，如果不是多页图像（如 PDF 格式），不需要设置，直接单击 开始转换(C) 按钮，如图 7－42 所示。

图 7－42　设置多页选项

（5）转换完成后，出现如图 7－43 所示的页面时，单击 完成 按钮即可。

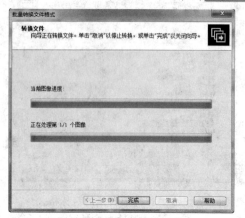

图 7－43　完成转换文件

5. 其他批处理操作

前面介绍的重命名图像、图像格式的转换操作都具有批处理功能，即一次性对多幅图像完成相同的操作，这是一种非常实用、高效的操作。

实际上 ACDSee 还有很多批处理操作，如批量更改图像大小、批量旋转/翻转等，它们的操作方法是一样的，首先选择多幅图像，然后执行"工具"/"批处理"菜单下的相关命令，如图 7-44 所示，这时会弹出向导对话框，在相应的提示信息下，一步一步地完成即可。

图 7-44　其他的批处理命令

6. 编辑图像

随着软件的升级，ACDSee 由原来的图像浏览工具演化成了一个功能比较强大的图像管理工具，既可以浏览图像、也可以管理图像，还可以编辑图像。而且它提供的图像编辑功能非常实用，包括选择、裁剪、修复、调色、制作边框、特效、添加文字等。

启动 ACDSee 以后，单击右上角的"编辑"选项卡，可以切换到 ACDSee 的编辑视图，如图 7-45 所示。

图 7-45　ACDSee 的编辑视图

在 ACDSee 的编辑视图下，左侧会出现编辑工具，一共分为七组，分别是选择、修复、添加、几何体、曝光/照明、颜色、详细信息。将每一组展开后，会出现若干的编辑工具。下面以添加边框为例，介绍如何在 ACDSee 中编辑图像，具体操作步骤如下：

（1）启动 ACDSee 并在管理视图中选择一幅图像。

（2）单击右上角的"编辑"选项卡，切换到编辑视图，在编辑工具中展开"添加"组，然后单击其中的"边框"工具，则切换到"边框"参数面板，在这里可以设置边框的各项参数，如图 7－46 所示。

图 7－46　设置边框的各项参数

❖ 大小：用于设置边框的宽度。

❖ 颜色：用于设置边框的颜色。

❖ 纹理：用于设置边框的纹理，它与"颜色"只能二选一。

❖ 直：选择该项，边框为规则的直边。

❖ 不规则：选择该项，可以将边框设置为系统预设的不规则边框。

❖ 阴影：选择该项，可以使边框带有阴影效果。

❖ 浮雕：选择该项，可以使边框产生浮雕效果，并且可以设置浮雕的强度、大小与光源方向。

（3）根据要求设置参数即可，如边框的宽度、颜色、效果、边缘是否规则等，这些参数均为所见即所得，如图 7－47 所示。

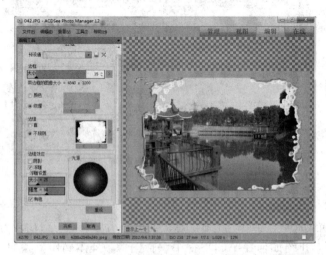

图 7－47　设置参数后的图像

（4）如果设置的参数不合适，可以单击 ▣重设▣ 按钮，重新设置；如果得到了满意的效果，单击按钮 完成 按钮关闭"边框"参数面板，结果如图 7-48 所示。

图 7-48　添加边框后的图像

（5）单击 完成 按钮，则完成了边框的添加。

7.3.4　网络下载工具——迅雷

迅雷是一款基于多线程的专业下载工具，它可以同时从服务器、镜像和节点处下载网络资源，所以速度较快，适合下载比较大的文件，如软件、教学视频、光盘镜像等。要使用迅雷工具下载网络资源，必须先安装迅雷软件，比较流行的版本是迅雷7，该软件是免费的，在迅雷网站或其他软件下载网站上下载迅雷安装程序后，安装到本地计算机中，就可以使用它下载资源了。

1．使用右键下载

使用迅雷下载网络资源可以直接在下载地址上单击鼠标右键，从弹出的快捷菜单中选择"使用迅雷下载"命令，具体操作方法如下：

（1）在打开的网页中找到下载的超链接，单击鼠标右键，从弹出的快捷菜单中选择"使用迅雷下载"命令，如图 7-49 所示。

（2）在弹出的"新建任务"对话框中单击"存储路径"右侧的 按钮，可以指定下载文件的保存位置，单击 立即下载 按钮开始下载，如图 7-50 所示。

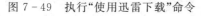

图 7-49　执行"使用迅雷下载"命令　　　　图 7-50　"建立新的下载任务"对话框

另外，有的下载网站会专门提供使用迅雷下载的超链接，这时只要单击该超链接，就会启动迅雷并添加到下载列表中进行下载。

启动迅雷以后，桌面的右上角会出现一个悬浮窗小图标 <!-- 迅雷7 -->，当下载资源时，这里会显示下载速度与进度 <!-- 98.42KB/S -->，双击该悬浮窗图标，可以打开迅雷程序的主界面，在其中可以进行下载、暂停、删除等操作。

2．自由控制下载任务

在下载网络资源的过程中，用户可以自由控制下载进程，如开始、暂停或删除下载任务等，具体操作步骤如下：

（1）启动迅雷软件，打开迅雷主界面。

（2）在下载列表中选择要控制的下载任务，然后单击 ▮▮ 按钮，可以暂停下载进程，如图 7－51 所示。

图 7－51　暂停下载任务

（3）如果要重新开始下载任务，则选中已经暂停的下载任务，再单击 ▶ 按钮，这时将在上一次的基础上继续下载，如图 7－52 所示。

图 7－52　重新开始下载任务

（4）如果不想继续下载某个文件或操作错误，误添加了下载任务，可以将其删除，选择要删除的下载任务，然后单击 ✖ 按钮即可，如图 7－53 所示。

图 7－53　删除下载任务

3. 查看下载任务

在使用迅雷下载网络资源的过程中，我们可以随时对下载任务进行查看，其中包括正在下载的任务、已经完成的下载任务、删除的下载任务等。查看下载任务的具体操作步骤如下：

（1）启动迅雷软件，打开迅雷主界面。在主界面的左侧有一个分类"我的下载"，选择"正在下载"选项，可以查看还没有完成的下载任务，如图 7-54 所示。

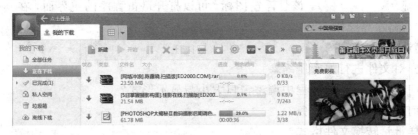

图 7-54　查看还没有完成的下载任务

（2）在"我的下载"分类中选择"已完成"选项，可以查看已经完成的下载任务，如图 7-55 所示。

图 7-55　查看已经完成的下载任务

（3）在"我的下载"分类中选择"垃圾箱"选项，可以查看被删除的下载任务，如图 7-56 所示。

图 7-56　查看被删除的下载任务

习　　题

一、填空题

1. 如果要将多个文件压缩成一个压缩包，需要先建立一个（　　　　　　），然后将要压缩的文件放到其中。

2. 为了使没有安装 WinRAR 的用户也能使用压缩文件，可以将文件压缩为

（　　　　　）。这样不管用户是否装有 WinRAR 程序，都可以将压缩文件释放出来。

3. 启动暴风影音之后，单击右上角的选项卡（　　　　　），然后在列表中选择自己喜欢的影视或新闻，双击它即可在线观看。

4. 在 ACDSee 中要查看某一幅图像，（　　　　　）该图像即可，这时将自动切换到查看窗口。

5. 启动迅雷以后，桌面的右上角会出现一个悬浮窗小图标（　　　　　）。当下载资源时，这里会显示（　　　　　），该悬浮窗图标，可以打开迅雷程序的主界面，在其中可以进行下载、暂停、删除等操作。

二、简述题

1. 怎样对文件进行加密压缩？

2. 如何在播放视频的过程中调整窗口大小与显示形式？

3. 如何自由控制下载任务？

4. 怎样批量转换文件格式？

5. 列举 ACDSee 常见的图像编辑功能。

三、操作题

1. 从网上下载 6 张风景照片，并压缩成为一个名为"自然风景"的压缩包文件，并设置解压密码为"！@♯abCD"，然后将其解压缩到桌面上。

2. 在暴风影音中播放一个视频，并利用暴风影音的"连拍"功能进行截图，并保存在桌面上的"我的截图"文件夹中。

3. 打开 ACDSee，利用批处理操作将一个文件夹中的所有图片重新命名为"照片 1、照片 2、照片 3……"。

4. 在网上搜索电影《美人鱼》，然后使用迅雷下载将电影下载到本机。

学习目标

1. 熟悉世界大学城个人空间基本信息设置及框架搭建

① 版本设置及账号密码修改；

② 空间主页布局、模块的设置；

③ 个人资料、栏目管理的设置。

2. 掌握世界大学城个人空间信息发布

① 文章的发表；

② 视频的发表；

③ 微博的发表。

3. 掌握世界大学城个人空间交流互动

① 好友添加、管理；

② 消息、私信、留言板、评论的发表；

③ 群组讨论。

应用情景

世界大学城是一座网络虚拟城市。它是运用 Web2.0、SNS、Blog、Tag、Rss、Wiki 等为核心，依据六度分隔理论、XML、Ajax 等理论和技术设计并以网络交互远程教育为核心、综合了远程教学、网络办公、及时通信、商务管理、全民媒体、个性化数字图书馆等功能的一座既虚拟又真实的大学社区平台，是全民终生学习的校园，是你真实人生的动力之源。

在教育信息化飞速发展的今天，每位学员应学会网络空间的使用，充分利用世界大学城这一云空间开展学习。因此，每位学员需要学习世界大学城空间建设方法，并掌握大学城的常用网络应用。

8.1　世界大学城个人空间基本信息设置

8.1.1　登录世界大学城的个人空间

进入世界大学城之后，首先用户需要使用世界大学城的"账号"和"密码"通过浏览器进行登录，进入个人空间主页。具体操作如下：

（1）在桌面上选择"浏览器"，用户可以根据自己的需要使用 IE 浏览器或者其他浏览器

(本书中所用均为"火狐浏览器")如图 8-1、图 8-2 所示。

图 8-1　IE 浏览器图标　　　　　　　　图 8-2　火狐浏览器图标

　　(2) 鼠标双击所选浏览器打开,如图 8-3 所示进行输入,在地址栏中输入世界大学城的网址:http://www.worlduc.com/。再点击左上角的"登录"按钮,弹出了登录窗口,如图 8-4 所示。输入"账号"和"密码"(初设定的密码是 888888,初次登录后应马上修改密码)。最后单击"登录"按钮。登录"世界大学城"个人空间后的界面如图 8-5 所示,个人主页展示结果如图 8-6 所示。

图 8-3　世界大学城网站首页

图 8-4　登录窗口

图 8-5 登录世界大学城个人空间后的界面

图 8-6 个人主页展示

8.1.2 首次登录空间版本设置及账号密码修改

个人空间首次登录所显示的空间版本是 2009 版，属于空间的老版本，很多功能不支持，现在的新版本是 2012 版，是推荐版本，需要进行版本更新，版本修改完成后再进行账号密码的修改。

（1）登录网站之后，单击"我的管理空间"按钮，进入我的管理空间主页，然后点击右上角的"设置管理"按钮（如图 8-7 所示）进入个人空间设置管理的页面，如图 8-8 所示。

图 8-7 我的管理空间主页

图 8-8 设置管理个人信息首页

（2）点击"空间设置"按钮，然后点击"空间首页设置"选项卡，选择空间版本为 2012
版，如图 8-9 所示。

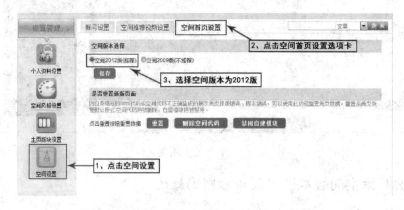

图 8-9 设置空间版本为 2012 版

（3）单击"我的空间展示"就能看到空间变成了 2012 版本。

（4）修改登录密码。进入"我的管理空间"之后，单击"空间设置"按钮，然后选择"账号
设置"选项卡，再单击"修改"按钮，如图 8-10 所示。

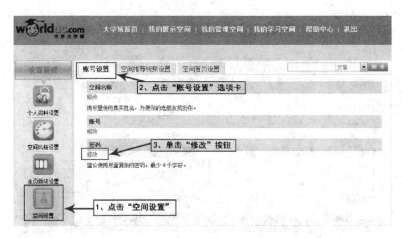

图 8-10　修改登录密码

（5）修改空间名称和空间账号。进入"我的管理空间"之后，单击"空间设置"按钮，然后选择"账号设置"选项卡，在对应的位置完成空间名称和空间账号的设置，如图 8-11 所示。

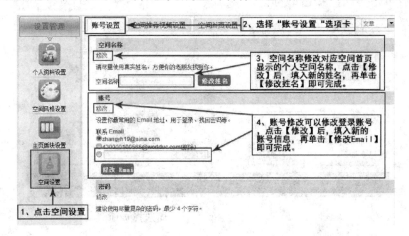

图 8-11　修改空间名称和登录账号

8.1.3　空间主页布局的设置

世界大学城空间的布局比例默认的是 1：3：1 的模式，系统同时提供了更多的选择，用户可以根据自己的需要选择具体的布局方案，使得自己的个人空间更加具有个性化的特征。

（1）在如图 8-12 所示的"世界大学城"界面单击"我的管理空间"选项，进入个人空间的管理界面，再单击"设置管理"按钮，进入网站设置管理的页面。

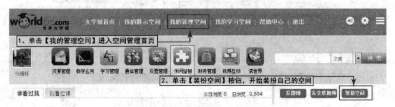

图 8-12　个人空间装扮页面进入方式

（2）单击"布局选择"项（如图 8－13 所示），进入个人空间主页布局选项页面，如图 8－14 所示。

图 8－13 个人空间主页布局选项页面进入方式

（3）先选择页面底端五个选项中的"布局选择"选项，再单击"1：2：1"选项，如图 8－14 所示，最后单击"保存"按钮即可。

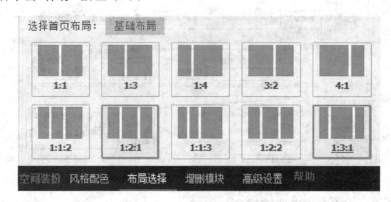

图 8－14 个人空间主页布局选择页面

8.1.4 空间主页模块的设置

世界大学城个人空间主页上显示的内容是由多个模块组成，可以根据需要对模块进行调整，包括模块的显示、隐藏和位置等的移动，现要求对个人空间主页的模块进行调整。

（1）点击"我的管理空间"进入管理空间首页后，单击"装扮空间"按钮，即进入到个人空间首页的模块调整页面，如图 8－15 所示。

图 8－15 个人空间主页模块设置

（2）个人空间主页的模块除了能够显示与隐藏之外，还能对其进行移动。例如，将个人信息模块从右侧移动到左侧的话，只需要将光标放到个人信息模块的标题位置，按住鼠标左键拖动，然后在需要放置的新的位置处松开鼠标即可。

（3）设置完成后请单击"保存"按钮，就会自动切换到"我的展示空间"，就能查看到最新的效果。

8.1.5　个人资料的设置

世界大学城的个人资料包括基本信息、个人爱好、详细信息、学生信息（学生账号）和上传头像五个部分。个人用户注册完成之后，应尽早完成个人信息的完善。

（1）单击"我的管理空间"，进入我的管理空间首页，然后，再单击设置管理按钮，进入个人资料设置页面，如图 8-16 所示。

图 8-16　个人空间的个人资料设置进入方式

（2）进入个人设置页面后，按照图 8-17 所示完成各项资料的设置与修改，并单击保存按钮保存设置结果。

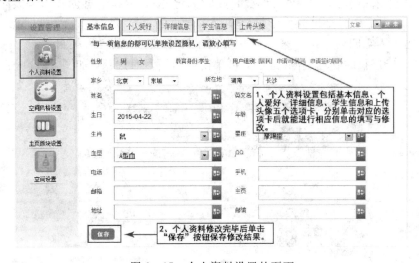

图 8-17　个人资料设置的页面

（3）个人资料设置成功后，单击"我的空间主页"选项，可进行效果查看，如图 8-18 所示。

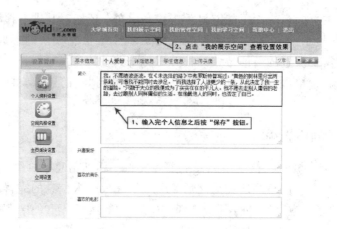

图 8-18　空间个人资料设置效果查看方式

（4）个人资料设置效果查看，如图 8-19 所示。

图 8-19　空间个人资料设置效果查看

8.1.6　栏目管理设置

世界大学城空间的栏目分为"自创栏目"和"固定栏目"，其中自创栏目需要个人空间所有者自行创建，固定栏目是世界大学城空间版本自带的，若不需要显示可以隐藏相应栏目。要完善自己的个人空间内容接下来就得开始创建与管理空间的各种栏目了。

（1）首先单击"我的管理空间"选项，再单击"栏目管理"选项，如图 8-20 所示。

图 8-20　个人空间栏目管理进入方式

（2）按以下表格要求创建所列的各个栏目，具体的设置如图 8 - 21 所示。

针对人员	一级栏目名称	二级栏目名称
学生用户	"自我展示"	个人简介
		我的学习计划
		学习心得
		成果展示
	"一年一期课程学习"	二级栏目为本期所学课程
	"一年二期课程学习"	
	"二年一期课程学习"	
	"二年二期课程学习"	
	"三年一期课程学习"	
	"顶岗实习 & 毕业设计"	

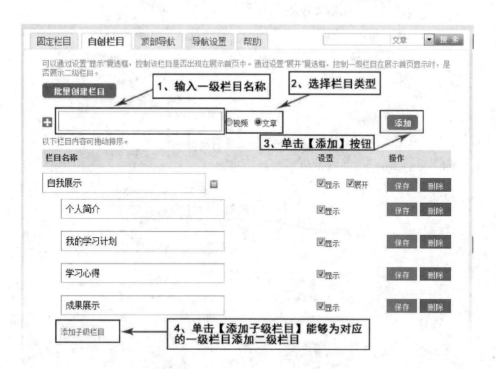

图 8 - 21　分别添加一级栏目和二级栏目

（3）如果要批量创建多个栏目，则可以使用批量创建栏目的功能，如图 8 - 22 所示。

图 8-22　使用批量创建栏目功能

（4）若要改变自创栏目显示的顺序，则可以通过拖动对应的栏目来实现。具体操作方法是先将光标定位在需要移动的栏目右侧，然后按住鼠标左键拖动，拖动理想的位置后松开鼠标左键即可，如图 8-23 所示。

图 8-23　拖动栏目的位置

（5）单击"我的空间主页"则可以查看栏目设置效果显示，如图 8-24 所示。

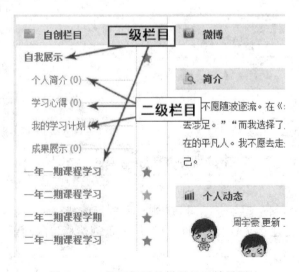

图 8-24　设置好后的栏目显示效果图

（6）系统提供了多个固定栏目，但是其中大多数的固定栏目使用频率很低，因此可以通过设置固定栏目将这些栏目设置为"隐藏"，如图 8 - 25 所示。

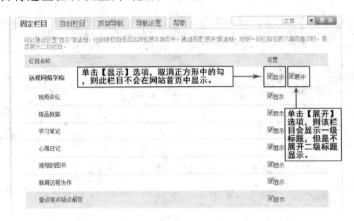

图 8 - 25　隐藏和展开栏目的设置

注意：若一级栏目被隐藏，则此一级栏目下的所有二级栏目也将会被隐藏。

8.2　世界大学城个人空间信息发布

世界大学城个人空间的信息发布主要包括文章的发布、视频的发布和微博的发布，下面分别介绍这三类信息的发布操作。

8.2.1　文章的发表

现需要在个人空间的自创一级栏目"个人展示"下的"个人简介"中创建分类栏目：个人基本情况、个人学习情况、个人工作情况，并要求在"个人基本情况"中发表一篇文章。具体操作如下：

（1）根据前面创建的一级栏目和二级栏目的情况，此次任务需要发表的文章在如图 8 - 26 所示的"个人简介"栏目中。

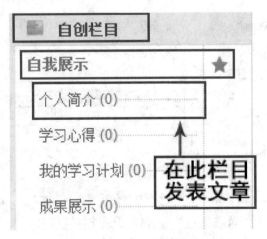

图 8 - 26　文章发布所在的栏目

（2）单击"我的管理空间"进入空间编辑页面，再单击"发文章视频"按钮，如图8－27所示。

图8－27　进入发文章视频页面的方式

（3）在"文章视频管理"页面，单击"自我展示"栏目右侧的"展开"按钮，如图8－28所示。

图8－28　选择发表文章所在栏目的页面

（4）展开二级栏目后，单击个人简介栏目右侧的"发表"按钮，进入发表文章的页面，如图8－29所示。

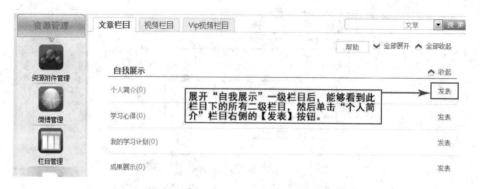

图8－29　进入发布文章页面的方式

（5）进入发布文章的页面之后，单击"自创分类栏目"按钮，可以添加自创的分类栏目，如图8－30所示，并依次添加"个人基本情况"、"个人学习情况"和"个人工作情况"三个分类栏目，创建好后的分类栏目效果如图8－31所示。

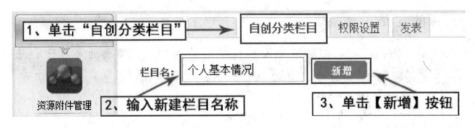

图 8-30　为二级栏目添加新的分类栏目

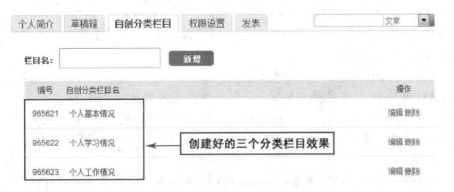

图 8-31　分类栏目创建的效果图

（6）单击"发表"按钮，则进入发表文章的页面，如图 8-32 所示。

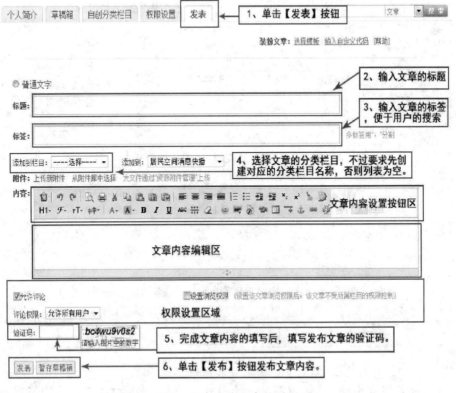

图 8-32　发表文章的页面

8.2.2　视频的发表

世界大学城上传视频的参数标准主要从视频的分辨率、视频画面宽高比、视频帧率、编码格式、视频编码码率、视频封装格式及音频格式等方面进行规定，具体如下：

- 分辨率：建议为 320×240 或者 640×480；
- 画面宽高比：视频画面的宽高比为 4∶3；
- 视频帧率：25 帧；
- 编码格式：flv 格式的 h264 编码格式，h263 亦可，但 h264 最佳；
- 视频编码的码率：450 Kb 以下；
- 封装格式：flv 格式；
- 音频格式：MP3 或 A-0AC 均可。

如果是其他非 FLV 格式的视频文件，需要先将视频转换成 FLV 格式的文件。

如果要发布视频，首先在个人空间创建一个一级的视频栏目——"视频专区"，并在此一级栏目下再添加二级栏目"学习视频"，然后再在此二级栏目下发表一个格式为 flv 的视频。

（1）按照前一节中栏目管理设置的基本操作，先创建一个新的一级栏目，如图 8-33 所示，然后为该栏目添加一个二级栏目，如图 8-34 所示。

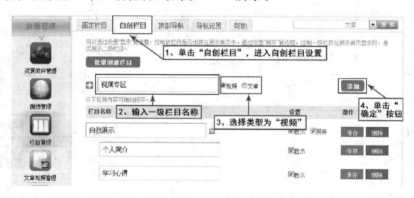

图 8-33　创建"视频专区"一级栏目

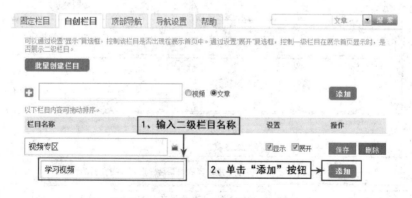

图 8-34　添加"学习视频"二级栏目

（2）进入视频发表页面，首先准备好一个格式为 flv 的视频文件存入在电脑硬盘中，在空间主页中选择"我的管理空间"，然后选择"发文章视频"，操作和发表文章基本一致。

（3）进入视频发表的页面，选择需要发表视频的栏目，如图 8 - 35 所示。

图 8 - 35　发表视频页面的进入方式

（4）进入视频发表的页面，进行视频发布，如图 8 - 36 所示。

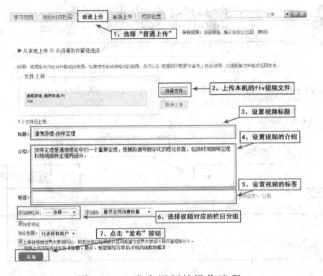

图 8 - 36　发布视频的操作流程

（5）视频发布完成后，系统会弹出发布成功对话框，提示需要等待审核，如图 8 - 37 所示。

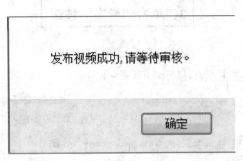

图 8 - 37　视频发布成功对话框

8.2.3　微博的发表

世界大学城为每个用户提供了微博的功能，用户可以通过微博随时随地表达出自己的思想和最新动态。

（1）单击"我的管理空间"选项，再单击"发微博"按钮，如图8-38所示。

图8-38　发微博页面进入方式

（2）输入微博的内容，操作如图8-39所示。

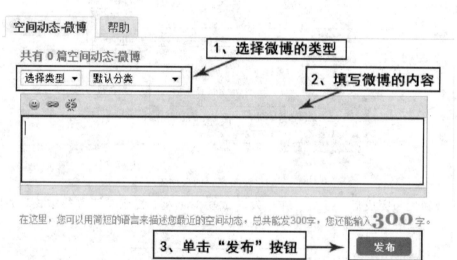

图8-39　发微博页面

（3）微博发布成功后在主页的显示如图8-40所示。

图8-40　微博发表成功后的显示效果

8.3　世界大学城个人空间交流互动

8.3.1　添加好友

　　世界大学城不仅仅是一个学习空间，同时它也是一个典型的网络社区，因此用户可以在"世界大学城"添加好友并建立自己的朋友圈。步骤如下：

　　（1）使用自己的空间账号和密码登录到世界大学城。

　　（2）单击右上角的"新消息"按钮，如图 8 - 41 所示，查看新添加好友的相关消息。

图 8 - 41　个人主页点击"新消息"按钮

　　（3）进入消息管理界面后，点击"好友请求"按钮，查看添加好友请求的情况，如果同意添加对方为好友，则点击同意，如图 8 - 42 所示。

图 8 - 42　同意别人的添加好友请求操作

　　（4）如果要添加某个已知名字的好友，可以通过搜索功能来实现。首先，在通信管理界面下单击下拉菜单选择"居民空间"，然后在搜索空白条中输入需要添加的好友名称，最后单击搜索按钮，如图 8 - 43 所示。

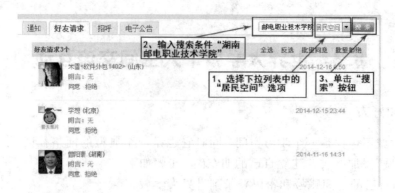

图 8-43　搜索好友

（5）进入搜索结果显示界面，如图 8-44 所示，单击"加为好友"后，即可将该用户添加为空间好友。

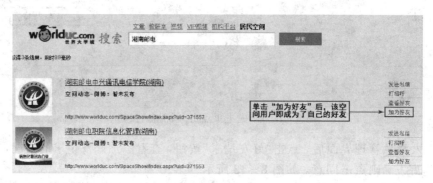

图 8-44　将搜索到的用户添加为自己的好友

8.3.2　留言板和评论

　　世界大学城好友之间进行信息的交流互动主要是通过世界大学城的通讯功能实现的，即时通讯功能包括留言、评论和私信三大板块。私信我们在前面已经介绍过。本次任务是学会在空间居民留言板中留言，以及对发表的文章进行评论。

　　（1）用户登录后进入对方的空间主页，在展示空间的中下方有一个留言板区域。我们可以在这里给对方留言，如图 8-45 所示。

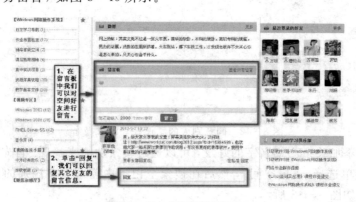

图 8-45　"留言板"界面

（2）留言板的管理。步骤如下：

第一步：使用自己空间的账号和密码登录到世界大学城空间。

第二步：在右侧"快速导航"中单击"留言板"按钮，如图8-46所示。

图8-46　"我的管理空间"界面

第三步：在"我的留言板"界面中，可以看到所有空间居民（包括好友和陌生人）在自己空间留言板中的留言，如图8-47所示。

图8-47　"我的留言板"界面

第四步：单击"我的留言及回复"，可以看到自己对所有留言的回复信息，如图8-48所示。

图8-48　"我的留言及回复"界面

第五步：单击"隐私设置"，可以通过单击"全站用户可见"旁的下拉菜单，来选择哪些用户具有对自己留言板的可见权限。在"回复"单选项中，还可以设置哪些用户拥有对自己留言板的回复权限，如图8－49所示。

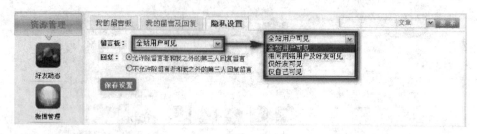

图8－49　"隐私设置"界面

（3）评论。在世界大学城个人管理空间里，不仅可以使用文字、表情对其他居民所发表的相片、文章和视频进行评论，还可以使用自定义的图片、flash、视频进行相片的评论，具体操作步骤如下：

① 使用文字评论。

第一步：进入好友空间，找到需要进行评论的文章或者视频。

第二步：在评论区输入评论的文字内容，单击"提交"，如图8－50所示。

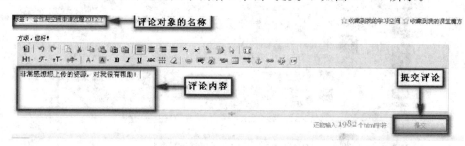

图8－50　"提交评论"界面

② 使用表情评论。在图8－51中单击图标，在弹出的表情列表中选择合适的表情进行评论。

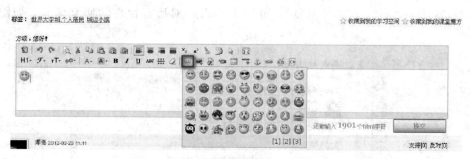

图8－51　"插入表情"界面

③ 使用图片、flash和视频评论。使用图片、flash和视频进行评论依次对应的图标分别为：、、。由于使用图片、flash和视频形式发表评论的操作相同，因此本文以图片形式发表评论为例进行操作步骤演示：

第一步：单击"我的管理空间"，再单击右侧"快速导航"中的"相册管理"，如图8－52所示：

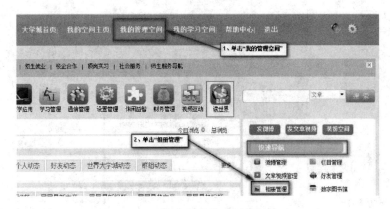

图 8-52　进入相册管理界面的方式

第二步：在"我的相册"中单击"上传照片"，如图 8-53 所示。

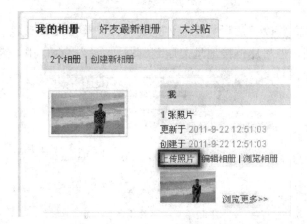

图 8-53　"相册管理"界面一

第三步：单击"浏览"选择需要上传到相册中的评论图片，完成后单击"上传照片"将图片上传至相册中，如图 8-54 所示。

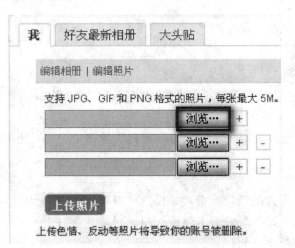

图 8-54　"相册管理"界面二

第四步：打开已上传至自己空间相册中的图片，单击鼠标右键，在弹出的右键菜单中选择"复制图像地址",如图 8 - 55 所示。

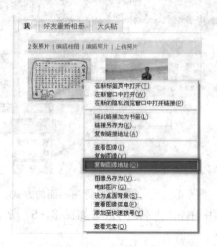

第五步:返回到需要以相片形式发表评论的感悟界面,单击发表评论栏中的 图片,弹出如图 8 - 56 所示页面。将图片链接地址复制到"图片地址"空白框中,然后单击"确定"。

图 8 - 56 "图片上传"界面

第六步:单击"确定"后,发表评论框中将出现评论图片,如图 8 - 57 所示。单击"提交"完成图片评论操作。

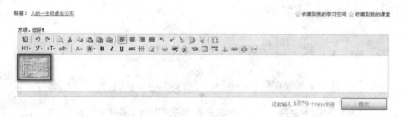

图 8 - 57 "发表评论"界面

以 Flash 和视频形式进行评论的操作步骤与图片评论类似,这里不再赘述。

8.3.3 群组讨论

为了对互动进行有效的管理和分类,我们可以将好友划分为各种群组,在群组中创建不同的兴趣板块,在不同兴趣板块中创建不同的讨论主题。大家可以随时加入自己感兴趣的所属板块的讨论主题中参与讨论。

利用群组进行讨论的具体步骤为:建立交流群组→创建兴趣板块→发表讨论主题。

(1)建立交流群组,在前面的任务十"管理好友"中,我们介绍了如何创建一个群组,具体操作步骤请参考任务十。

（2）创建兴趣板块的操作步骤如下：

第一步：创建好群组后，在如任务十一中的图 8-58 的"群组管理"界面中选择一个需要创建兴趣版本的群组。

第二步：单击"创建板块"，为群组创建一个相关的兴趣板块，如图 8-59 所示。

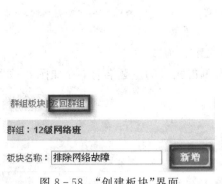

图 8-58　"创建板块"界面　　　　　　图 8-59　"板块名称"界面

第三步：在"板块名称"空白框中输入需要新增的兴趣板块名称。单击"新增"完成板块的添加，然后单击"返回群组"，返回如图 8-58 所示界面。

（3）发表讨论主题的操作步骤如下：

第一步：在板块下拉菜单中选择刚刚建立的兴趣板块，在"标题"空白框中输入想要新建的讨论主题，在"内容"空白区中输入正文内容，最后单击"发表"。如图 8-60 所示：发表讨论主题时，在内容空白区不但可以输入文本，还可以插入图片、flash 和视频以丰富正文内容，具体插入方法与前面介绍任务十二中，在发表评论是插入图片、flash 和视频的方法相同。

图 8-60　"发表主题"界面一

第二步：成功发表后如图 8-61 所示。

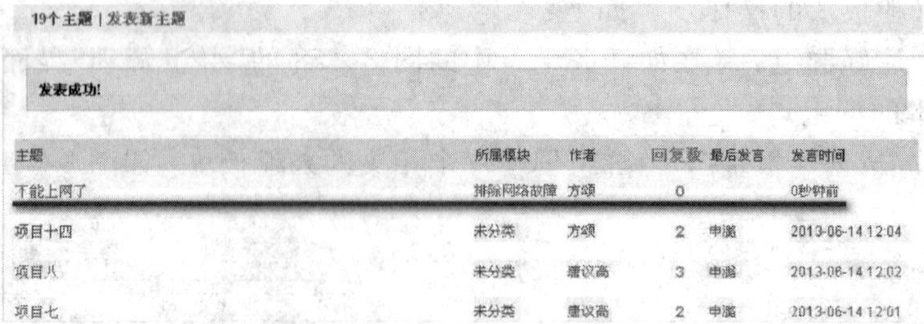

图 8-61　"发表主题"界面二

第三步：如果需要参加到讨论主题中，只需单击相应的主题名称，在如图 8-62 所示的图中回复即可。

图 8-62　"回复主题"界面

习　　题

操作题

1. 登录大学城空间后，按照自己的个人信息完成个人信息的修改和头像的上传。

2. 进入栏目管理页面，添加一个名称为"毕业设计"的一级栏目，并在此栏目下创建"毕业设计成果"、"毕业设计过程"两个二级栏目。

3. 创建一个以自己班级名称命名的群组，然后添加三个同学为自己的好友，并将这些好友添加到班级名的群组中。

附录　湖南省高等职业学校计算机应用能力考试标准

（一）考试目标

1. 计算机系统基本知识及使用微型计算机（以下简称微机）的初步能力。
2. Windows 操作系统的基本知识，Windows 的使用。
3. 文字处理的基本知识，Word 的使用。
4. 电子表格的基本知识，Excel 的使用。
5. 演示文稿的基本知识，PowerPoint 的使用。
6. Internet 应用的基本知识，浏览器、电子邮件的使用。
7. 计算机网络的基础知识，了解计算机网络基本概念和工作原理、拓扑结构和组网技术等有关内容。
8. 系统维护与安全的基本知识，熟悉计算机硬件系统的主要组成部件和性能指标及软件系统的分类，了解计算机系统安全与防范、计算机病毒与防范、知识产权与道德规范的相关知识。
9. 多媒体的基本知识、多媒体基本播放工具、基本处理工具。

（二）考试内容及范围

1. 计算机系统基本知识

（1）计算机的主要特点及应用领域。

（2）微机系统：微机硬件系统、软件系统，微机常用外部设备，键盘的使用及指法（要求每分钟输入英文字符不低于 60 个）。

（3）数制及编码：二、十、十六进制数及其相互转换，ASCII 码，汉字的编码。

（4）位、字节、字长的概念，存储设备的容量单位。

（5）计算机语言及程序。

（6）操作系统基础知识：操作系统的功能，文件、文件夹基本知识，文件管理的树形结构。

（7）计算机病毒，计算机安全使用常识，知识产权与道德规范。

2. Windows

（1）Windows 的主要特点、启动与退出。

（2）Windows 的窗口及操作。

① 鼠标的基本操作。

② 窗口的组成与操作：打开、关闭、移动、调整、最大化、最小化、还原窗口。

③ 主菜单的使用，快捷菜单的使用，工具栏的使用，各种对话框的功能与操作。

（3）文件、文件夹。

① 文件与文件夹的建立、命名、重命名。

② 文件与文件夹的显示与排列。

③ 文件与文件夹选定：单个选定、多个选定、全部选定。

④ 文件与文件夹的剪切、复制、移动、删除、恢复删除。

⑤ 资源管理器的使用。

（4）Windows 的桌面。

① 桌面的基本组成。

② "开始"菜单的使用。

③ 活动窗口的概念，任务栏的使用，快捷启动按钮的使用。

④ 桌面图标的使用。

⑤ 快捷方式的创建。

（5）Windows 的附件。

（6）Windows 的设备管理。

① 打印机的安装。

② 日期格式的调整。

③ 虚拟内存的概念、作用及调整。

④ 添加/删除程序。

⑤ 显示属性的设置。

（7）汉字输入。掌握一种汉字输入法（要求每分钟输入 10 个以上汉字）。

（8）Windows 帮助系统的使用。

3．Word

（1）Word 的启动与退出。

（2）Word 窗口的组成与使用：标题栏、菜单栏、工具栏、格式栏、文档编辑区、滚动条、状态栏。

（3）视图方式。

（4）文档的编辑。

① 文档的新建、打开、保存、另存为、关闭。

② 插入、改写、删除、撤销与恢复；选定及对选定对象的操作；查找和替换；特殊字符的输入。

（5）文档的排版。

① 字符设置：字体、字号、字型、颜色等设置。

② 段落设置：缩进、行间距、段前段后、对齐方式等设置。

③ 分页、分栏、分节、页码设置，页眉与页脚的设置。

④ 格式刷的使用，项目符号、底纹与边框的设置。

（6）表格处理。

① 创建表格。

② 表格编辑。

③ 表格调整。

④ 表格格式设置。

⑤ 表格与文字间的相互转换。

⑥ 表格排序与图表的生成。

（7）图文混排。

① 剪贴画、艺术字、图片、文本框的操作。

② 简单图形的绘制。

（8）文档打印。

① 页面设置。

② 打印预览。

（9）邮件合并。

（10）超级链接。

4. Excel

（1）Excel 的启动与退出。

（2）基本知识。

① 窗口的组成。

② 工作簿与工作表，活动单元格，填充柄，列标与行号，单元格地址。

（3）工作簿的建立。

① 数据类型及各类数据的输入。

② 回车键移动方向的设置、同一单元格中输入多行文本、在多个单元格中输入同样的数据、再次输入同样的数据、填充柄的使用、规律数据的自动填充。

③ 工作表的辅助操作：工作表的选定、增加、删除、复制、移动、隐藏、取消隐藏，表名的修改，工作表背景的设置，表格线的显示与隐藏。

（4）工作表的编辑。

① 工作簿的打开。

② 单元格的操作：编辑单元格中的字符、批注、单元格的选定与取消选定、拷贝、移动、删除、剪切。

③ 列的操作：选定列、取消列的选定、插入列、删除列、清除内容、列的隐藏与取消隐藏、列宽的调整。

④ 行的操作：选定行、取消行的选定、插入行、删除行、行的隐藏与取消隐藏、行高的调整。

⑤ 窗口的操作：窗口的冻结、窗口的分割。

⑥ 数据安全：工作簿级的保护、工作表级的保护。

（5）公式与函数。

① 运算符。

② 公式的使用。

③ 输入函数的方法。

④ 掌握下列函数的使用：SUM( )、AVERAGE( )、MAX( )、MIN( )、COUNT( )、ROUND( )、INT( )、SUMIF( )、COUNTIF( )、IF( )、LEFT( )、RIGHT( )、MID( )、LEN( )、NOW( )、TODAY( )、YEAR( )、MONTH( )、DAY( )、WEEKDAY( )、HOUR( )、MINUTE( )。

⑤ 选择性粘贴。

⑥ 数据有效性。

（6）格式的编排。

① 单元格格式设置：对齐、单元格字符过多时的处理、边框的设置等。

② 页面设置。

③ 条件格式。

④ 样式套用。

⑤ 打印与预览。

（7）数据的利用。

① 排序。

② 分类汇总。

③ 筛选。

④ 透视表。

⑤ 图表处理。

⑥ 网上发布。

5. PowerPoint

（1）PowerPoint 的启动与退出。

（2）PowerPoint 窗口的组成与使用。

（3）视图方式。

（4）文档的编辑。

① 文档的新建、打开、保存、另存为、关闭。

② 各种对象或素材的插入与编辑，动画效果的设置，背景的设置，动作按钮与动作设置。

（5）幻灯片的管理：幻灯片的插入、复制、移动、删除。

（6）幻灯片的放映、发布、打包。

6. Internet

（1）Internet 基础。

① Internet 的基本知识。

② Internet 的主要功能。

③ TCP/IP 协议。

④ IP 地址、域名。

（2）连接 Internet。

① Internet 的接入方式。

② 单机用户的入网设置。

（3）Internet 信息获取。

① 统一资源定位器的概念（URL），Internet 上的信息的浏览、搜索、下载。

② 电子邮件地址的概念，邮箱的申请，邮件的收、发，Outlook Express 的设置及收发邮件。

③ 文件传输（FTP）的概念。

④ 电子公告栏(BBS)的概念。

7. 网络基础知识

(1)计算机网络概述：

① 网络的基本概念与功能。

② 网络的分类(按照覆盖范围分类)。

(2)计算机网络原理：

① 数据传输速率。

② 网络拓扑结构。

③ 网络体系结构与 ISO/OSI 模型。

④ IP 地址的分类。

(3)计算机组网技术：

① 网络系统组成(资源子网与通信子网)

② 网络硬件设备的基本功用(服务器、工作站、网卡、传输介质、集线器 HUB、交换机 Switch、路由器 Router)。

③ 网络软件的基本功能与使用。

④ 传输介质的分类。

⑤ 了解局域网客户端的基本配置并会设置共享文件夹。

8. 多媒体

(1)多媒体技术的基本知识：

① 多媒体技术的概念。

② 多媒体计算机的基本构成和多媒体设备的知识。

(2)多媒体的基本播放工具：

① 图像查看工具。

② 音频播放工具。

③ 视频播放工具。

④ 动画等其他媒体播放工具。

(3)多媒体的基本处理工具：

① 文件压缩与解缩的基本知识。

② WinRar 的使用。

③ WinZip 的使用。

④ 常见多媒体文件的类别和文件格式。

⑤ 多媒体处理的基本操作与基本工具的使用。

(三) 说明

1. 本《考试标准》对高等职业院校(包括独立设置的高等职业技术学院、普通中专举办的三年制、五年制高职班)、成人高校考生适用。

2. 考试为上机考试，试卷从题库中随机生成，考试不分级。考试时间为 90 分钟。

3. 考试成绩满分为 100 分。60 分以下为不合格，60 分(含 60 分)～85 分为合格，85 分

(含 85 分)以上为优秀。

4. 考点硬件要求

服务器：PII400 以上专用服务器，40 G 以上硬盘，256 M 以上内存，100 M 或以上网卡，宽带接入。

工作站：赛扬 300 以上，2.1 G 以上硬盘，64 M 以上内存，100 M 或以上网卡。

5. 考点软件要求

服务器：Windows 2000 Server。

工作站：Windows 2000/XP、Office 2000/xp、IE5.0。